Python
及其医学应用

主　编　王廷华　熊柳林
副主编　李应龙　苏怀宇　张保磊
编　委　王　芳　王利梅　刘　佳　何　蓉　但齐琴
　　　　张兰春　张保磊　胡译文　曹　雪　程继帅　张　强

四川大学出版社
SICHUAN UNIVERSITY PRESS

图书在版编目（CIP）数据

Python 及其医学应用 / 王廷华，熊柳林主编．— 成都：四川大学出版社，2023.6
双一流大学医工结合系列著作 / 王廷华主编
ISBN 978-7-5690-6187-1

Ⅰ．①P… Ⅱ．①王…②熊… Ⅲ．①软件工具－程序设计－应用－医学－医学院校－教材 Ⅳ．①TP311.561 ②R

中国国家版本馆CIP数据核字（2023）第121823号

书　　名：	Python 及其医学应用
	Python ji Qi Yixue Yingyong
主　　编：	王廷华　熊柳林
丛 书 名：	双一流大学医工结合系列著作
丛书主编：	王廷华

丛书策划：	胡晓燕
选题策划：	胡晓燕
责任编辑：	胡晓燕
责任校对：	王　睿
装帧设计：	墨创文化
责任印制：	王　炜

出版发行：	四川大学出版社有限责任公司
地　　址：	成都市一环路南一段24号（610065）
电　　话：	（028）85408311（发行部）、85400276（总编室）
电子邮箱：	scupress@vip.163.com
网　　址：	https://press.scu.edu.cn
印前制作：	四川胜翔数码印务设计有限公司
印刷装订：	成都金阳印务有限责任公司

成品尺寸：170 mm×240 mm
印　　张：17.5
字　　数：334千字

版　　次：2023年9月 第1版
印　　次：2023年9月 第1次印刷
定　　价：58.00元

本社图书如有印装质量问题，请联系发行部调换

扫码获取数字资源

四川大学出版社
微信公众号

版权所有 ◆ 侵权必究

前　言

临床研究过程中，首先要获得用于临床分析的数据，数据一般存在于电子病历系统中，可从电子病历系统通过导出或手工摘录的方式得到 Word 或 Excel 格式的临床数据。Word 格式的数据是半结构化数据，Excel 格式的数据虽然是结构化数据但可能并未整理成临床数据分析需要的格式，需要临床研究人员将其转换成临床数据分析可使用的 Excel 数据，如从 Word 提取数据到 Excel、将多表头的 Excel 转化成单表头的 Excel、对空值或异常值进行处理、将定量数据转化成定性数据等。

在数据量较少的情况下，临床研究人员依靠手工的方式进行数据整理并不存在太大的问题，但临床研究往往数据量大，甚至在进行临床大数据研究时，数据量巨大，依靠手工的方式进行数据转换与整理会浪费大量的人力物力，而且准确性得不到保证，使工作变得举步维艰。这时就需要借助编程语言实现自动化、批量的数据转换与整理。

在数据转换与整理完成后，就需要利用统计学知识对数据进行分析，寻找其中的差异性与相关性。如常用的统计学方法 t 检验、方差分析、卡方检验、Logistic 回归分析等。在传统的临床数据分析中，临床研究人员通常使用 SPSS 软件分析数据。这种方式需要临床研究人员逐一将待分析的数据录入 SPSS 软件，然后进行一系列的重复操作才能得到结果。如果需要对多个结果进行分析，必须将从 SPSS 得到的结果汇总到 Excel 里才能进行。使用这种方式进行数据分析往往费时费力，而利用 Python 提供的科学计算包 Scipy 可进行大多数常用的统计学分析，并且可以将分析结果自动汇总起来进行自动化筛选，非常方便。

鉴于广大临床数据研究人员对编程语言不熟悉，或不能灵活使用编程语言进行临床数据提取，编者编写了本书。本书详细讲解了基于 Python 的临床数据提取技术，力求包含数据提取过程涉及的知识点与技能点，同时也给出了一些翔实的例子及程序，方便临床数据研究人员直接将其运用于日常工作中。

编　者

2023 年 9 月

目 录

第1章 Python 基础 （1）
- 1.1 Python 简介 （1）
- 1.2 配置开发环境 （1）
- 1.3 第一个程序——Hello World （7）
- 1.4 数据操作 （20）
- 1.5 控制语句 （37）
- 1.6 算法与业务流程 （46）
- 1.7 模块化 （52）
- 1.8 面向对象编程 （60）
- 1.9 异常处理 （64）
- 1.10 文件 I/O （68）
- 1.11 API 文档的使用 （71）
- 1.12 小结 （73）

第2章 相关类库 （75）
- 2.1 OS 操作文件及目录 （75）
- 2.2 python-docx （79）
- 2.3 openpyxl （86）
- 2.4 正则表达式 （89）
- 2.5 numpy （99）
- 2.6 pandas （108）

2.7　scrapy ·· (121)

第3章　从 Word 提取临床数据 ································ (128)

3.1　基本资料 ·· (128)

3.2　住院信息 ·· (130)

3.3　出入院诊断 ··· (131)

3.4　既往史 ··· (133)

3.5　体格检查 ·· (143)

3.6　病程记录 ·· (161)

3.7　医嘱记录 ·· (162)

3.8　生化检查 ·· (164)

3.9　影像学检查 ··· (166)

3.10　从视频中均匀提取图片 ··· (168)

3.11　小结 ··· (171)

第4章　将提取的数据导出到 Excel 表 ··························· (172)

4.1　公共方法 ·· (172)

4.2　基本信息 ·· (175)

4.3　出入院诊断 ··· (175)

4.4　既往史 ··· (176)

4.5　体格检查 ·· (178)

4.6　病程记录 ·· (179)

4.7　医嘱记录 ·· (180)

4.8　生化检查 ·· (181)

4.9　小结 ·· (182)

第5章　数据清洗及变换 ·· (183)

5.1　发现异常数据 ·· (183)

 5.2 对数字进行修复 ·· (186)
 5.3 对日期进行修复 ·· (188)
 5.4 将日期转换为季节 ·· (190)
 5.5 数据分组 ·· (191)
 5.6 统一单位 ·· (194)
 5.7 去除重复数据 ·· (197)
 5.8 拆分列 ·· (198)
 5.9 列间的数值计算 ·· (199)
 5.10 非正态数据到正态数据的变换 ····························· (201)
 5.11 小结 ··· (202)

第6章 疼痛病数据提取实例 ·· (203)
 6.1 原始数据情况及提取思路 ·································· (203)
 6.2 将5张医嘱表的数据纵向合并为1张 ·························· (205)
 6.3 从手术表提取住院时长 ···································· (206)
 6.4 从评分表提取诊断信息 ···································· (206)
 6.5 从手术表提取手术信息 ···································· (207)
 6.6 从检查表提取检查项 ······································ (207)
 6.7 从医嘱表提取长期西药 ···································· (208)
 6.8 从医嘱表提取6个重要医嘱 ································ (209)
 6.9 从医嘱表提取护理记录与饮食记录 ·························· (210)
 6.10 整理提取的护理记录 ···································· (211)
 6.11 整理提取的饮食记录 ···································· (212)
 6.12 计算当天疼痛评分 ······································ (214)
 6.13 计算出院前疼痛评分 ···································· (215)
 6.14 计算术后3天疼痛评分 ··································· (215)
 6.15 合并相同的手术并计算手术种类 ··························· (216)

第 7 章　从 HTML 提取临床数据 ……………………………………… (217)

　　7.1　病程记录的提取 ……………………………………………… (217)
　　7.2　检查的提取 …………………………………………………… (218)
　　7.3　生化指标的提取 ……………………………………………… (220)
　　7.4　医嘱护理的提取 ……………………………………………… (222)
　　7.5　医嘱药品的提取 ……………………………………………… (223)
　　7.6　医嘱说明的提取 ……………………………………………… (225)
　　7.7　医嘱其他的提取 ……………………………………………… (226)
　　7.8　出院诊断的提取 ……………………………………………… (228)
　　7.9　补充诊断的提取 ……………………………………………… (229)

第 8 章　数据分析 ……………………………………………………… (232)

　　8.1　统计描述 ……………………………………………………… (232)
　　8.2　正态性检验 …………………………………………………… (239)
　　8.3　方差齐性检验 ………………………………………………… (241)
　　8.4　t 检验 ………………………………………………………… (242)
　　8.5　Z 检验 ………………………………………………………… (246)
　　8.6　方差分析 ……………………………………………………… (246)
　　8.7　χ^2 检验分析 ………………………………………………… (253)
　　8.8　非参数秩和检验 ……………………………………………… (259)
　　8.9　相关性分析 …………………………………………………… (264)
　　8.10　线性回归 ……………………………………………………… (265)
　　8.11　Logistic 回归 ………………………………………………… (268)

第 1 章　Python 基础

目前计算机已经相当普及，人类的生活、办公已经离不开它。能够使用编程语言是很重要的一项技能，可让计算机更好地理解自己的意图，提供更为多样化、定制化的服务。

1.1　Python 简介

Python（英国发音/ˈpaɪθən/，美国发音/ˈpaɪθɑːn/）是一种广泛使用的解释型、高级和通用的编程语言，内置高级数据结构及许多常用功能模块，支持多种编程范型（包括函数式、指令式、结构化、面向对象和反射式编程），成为大多数平台上多领域脚本编写和快速应用程序开发的理想语言。

Python 3.0 于 2008 年 12 月 3 日发布，它对语言做了较大修订但不能完全后向兼容，现只有 Python 3.6.x 和后续版本被支持。

1.2　配置开发环境

1.2.1　安装 Python

（1）登录网址 https://www.python.org/，将鼠标移到 Downloads 菜单，将出现下载 Python 安装包的界面，点击图 1-1 所示按钮，下载 Python 安装包。

图 1-1 下载 Python 安装包

（2）双击下载好的安装包开始安装 Python，在出现的安装选项界面，先选中 Add Python 3.9 to PATH，再点击 Install Now（图 1-2）。等待 Python 安装完成后点击【Close】（图 1-3），关闭 Python 安装程序。

图 1-2 选择安装选项

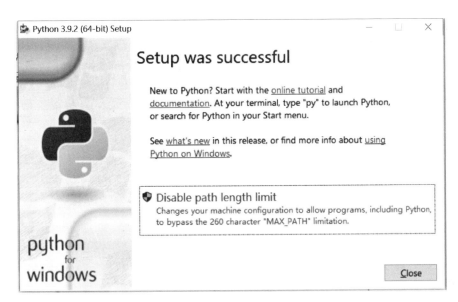

图 1-3 Python 安装完成

（3）在键盘上按【Win】+【R】，在出现的运行弹出框（图 1-4）中输入 cmd，点击【确定】，接着在弹出的 cmd 窗口输入命令 python -V（图 1-5），如果出现所安装的 Python 版本号，则说明 Python 安装成功。

图 1-4 运行弹出框

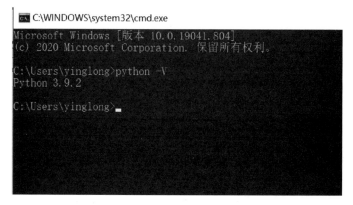

图 1-5　cmd 窗口

1.2.2　安装 PyCharm

PyCharm 是用于 Python 程序的开发工具，可以大幅度提高开发 Python 程序的效率，其安装方法如下：

（1）登录网址 https://www.jetbrains.com/pycharm/download/#section=windows，点击图 1-6 所示 Download 按钮下载 PyCharm 安装包。

图 1-6　下载 PyCharm 安装包

（2）双击下载好的 PyCharm 安装包，在弹出的第一个界面选择【Next >】（图 1-7），选择安装目录（图 1-8）后点击【Next >】；安装选项都可以不选，点击【Next >】（图 1-9）；在出现的界面点击【Install】开始安装（图 1-10）；安装完成后点击【Finish】（图 1-11）。

图 1-7　安装 PyCharm 第一步

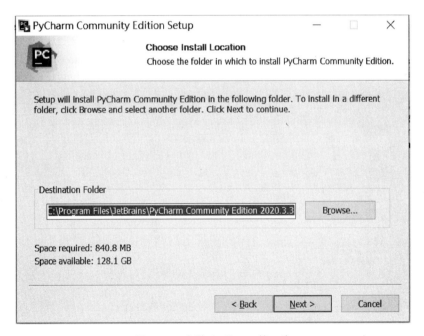

图 1-8　安装 PyCharm 第二步

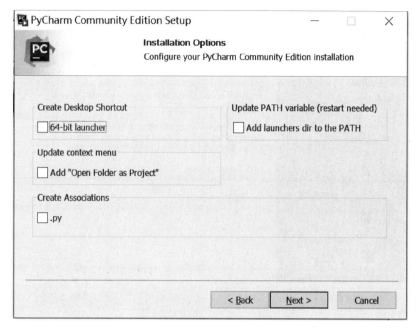

图 1-9　安装 PyCharm 第三步

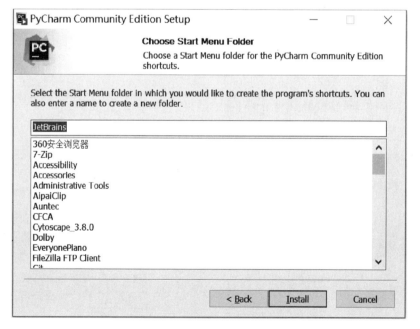

图 1-10　安装 PyCharm 第四步

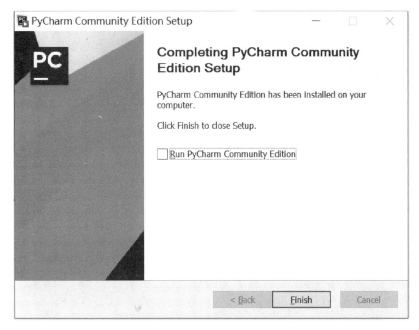

图 1-11 PyCharm 安装完成

1.3 第一个程序——Hello World

学习编程语言时接触的第一个程序一般是 Hello World，利用这个简单的程序，我们可以学会在哪里写程序、如何运行程序、怎样使用开发工具及验证开发环境是否已准备好。

1.3.1 创建项目

打开【开始】菜单，点击 PyCharm 图标（图 1-12）启动开发工具 PyCharm，启动后的主界面如图 1-13 所示。点击【New Project】，在创建新项目的页面（图 1-14）填写项目的位置 C:\Users\yinglong\PycharmProjects\hello_world，注意项目名称为 hello_world，单词之间不能有空格，空格需要使用下划线代替。然后点击【Create】，完成 Hello World 项目的创建。

图 1-12　点击启动 PyCharm

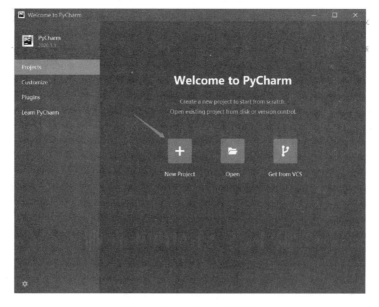

图 1-13　PyCharm 主界面

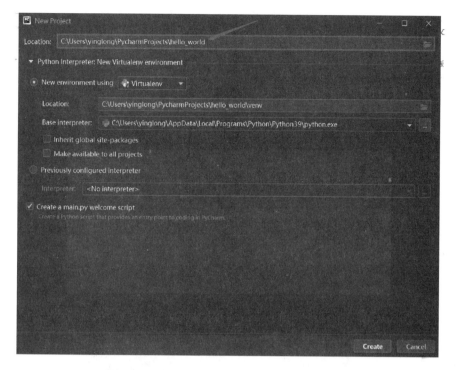

图 1-14 通过 PyCharm 创建 Hello World 项目

项目创建完成后，工作界面如图 1-15 所示，其中左侧区域（图 1-16）显示项目的目录结构，在项目名称 hello_world 上点击右键→点击"Open In"→点击"Explorer"（图 1-17），将打开电脑上项目所在目录（图 1-18）。由图 1-18 可以看到，PyCharm 中的项目结构是电脑上项目结构的展现，其中 .diea 文件夹是开发工具的配置文件，venv 文件夹是开发工具创建的虚拟运行环境，main.py 是开发工具自动生成的 Python 程序入口文件。双击文件 main.py，将在右侧（图 1-19）打开该文件，稍后将在里面编写 Hello World 程序。此外也可以自定义一个新的 hello_world.py 文件来编写程序，操作方法为在 hello_world 文件夹上点击右键→点击"New"→点击"Python File"（图 1-20）→填写文件名称 hello_world（图 1-21）→在键盘上按【Enter】，完成 hello_world.py 件的创建，如图 1-22 所示。

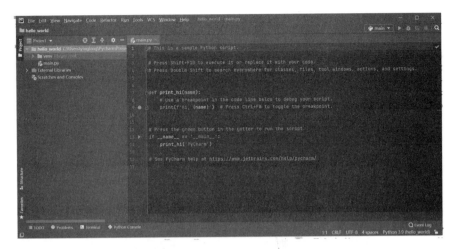

图 1-15　PyCharm 工作界面

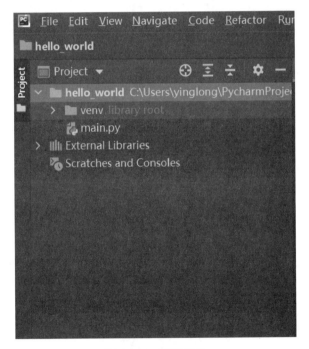

图 1-16　项目结构

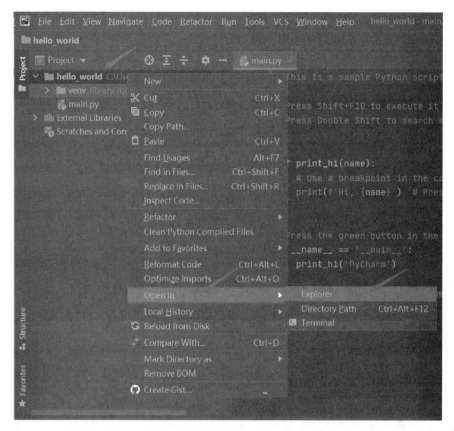

图 1-17 通过 PyCharm 打开项目所在目录

名称	修改日期	类型	大小
.idea	2021/3/8 17:49	文件夹	
venv	2021/3/8 17:34	文件夹	
main.py	2021/3/8 17:36	PY 文件	1 KB

图 1-18 项目所在目录

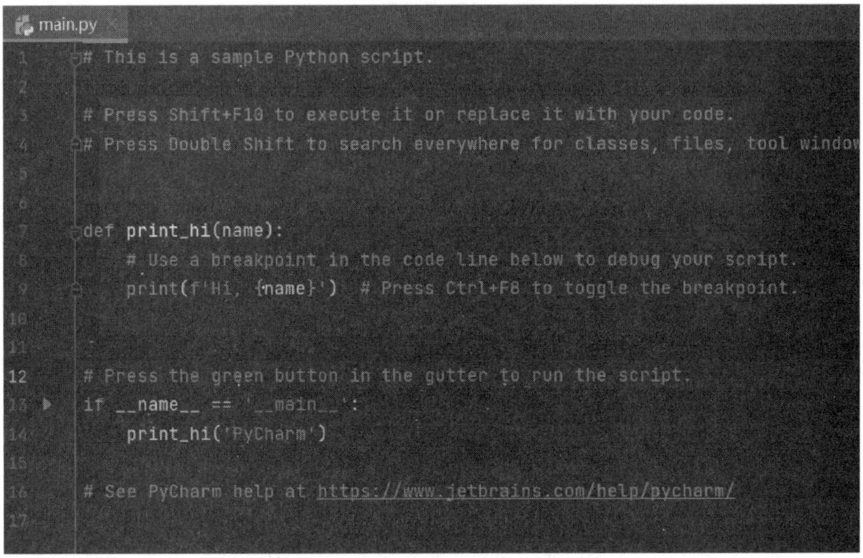

图 1-19 打开 main.py 文件

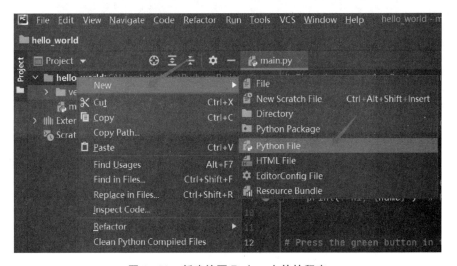

图 1-20 新建编写 Python 文件的程序

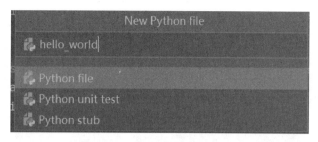

图 1-21 填写文件名称 hello_world

图 1-22 新建 hello_world.py 文件完成

1.3.2 写程序并运行

双击图 1-22 中的 main.py 文件，将在右侧打开。接着将 main.py 文件中的内容全部删除，写入图 1-23 所示程序，仅有一行 print('hello world')，意思为在控制台输出 hello_world 语句。如图 1-24 所示，在 main.py 的内容区点击右键→点击"Run'main'"，将运行 hello_world 程序。在程序运行结果中将看到输出了 hello_world 语句（图 1-25）。

图 1-23 hello_world 程序

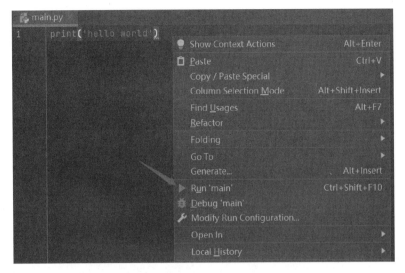

图 1-24 运行程序

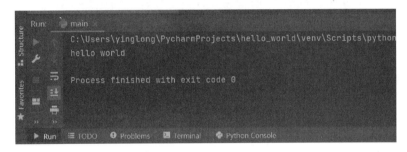

图 1-25 程序运行结果

1.3.3 错误调试

写程序的过程中难免会犯错,导致程序不能运行,这时程序将会在控制台输出错误提示,告知程序员程序哪里出了问题,然后由程序员按图索骥解决问题,最终让程序得以正确运行。程序的错误主要分为两种:一种是语法错误,初学者比较容易犯这类错误,这类错误也比较容易解决。另一种是逻辑错误,对于报错的逻辑错误解决起来还是比较容易的;但是对于不会报错仅影响业务逻辑的错误,解决起来较为棘手。

下面举例说明这两类错误如何处理:

(1) 语法错误。如图 1-26 所示语法错误程序,运行控制台将输出图 1-27 的结果,观察图 1-26 的程序发现有一条波浪线标识出错误的位置,观察图 1-27 控制台的输出发现语法错误提示 SyntaxError:EOL while scanning

string literal，并且用向上箭头指出了错误的位置。细心的读者会发现这个错误是 hello_world 缺少后单引号引起的，加上后单引号后（图 1-28），再次运行程序，程序将恢复正常（图 1-29）。

图 1-26　语法错误程序

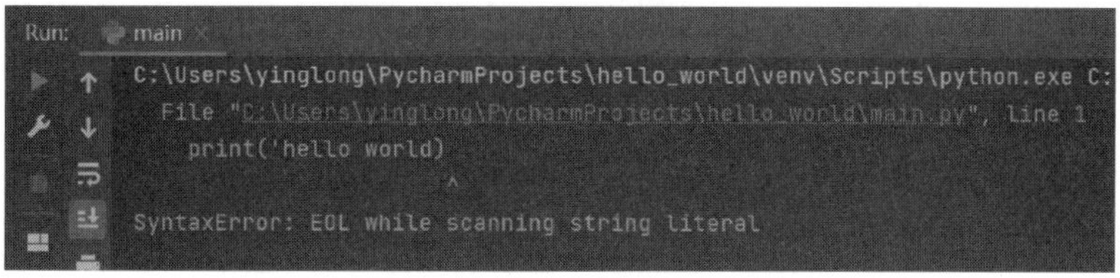

图 1-27　语法错误程序输出结果

图 1-28　修正程序

图 1-29　程序运行恢复正常

（2）逻辑错误。从图 1-30 可以看到，逻辑错误是不会有波浪线进行标识的，但是利用数学知识可知 a=1/0 这个表达式是错误的，因为被除数不能为 0。运行程序后，将得到图 1-31 所示的错误提示 ZeroDivisionError: division by zero，而且指出了错误的位置为 main.py 文件的第二行，这为修正错误提供了非常有用的信息。将被除数改成 1 后（图 1-32）再次运行程序，将恢复正常（图 1-33）。

图 1-30　逻辑错误

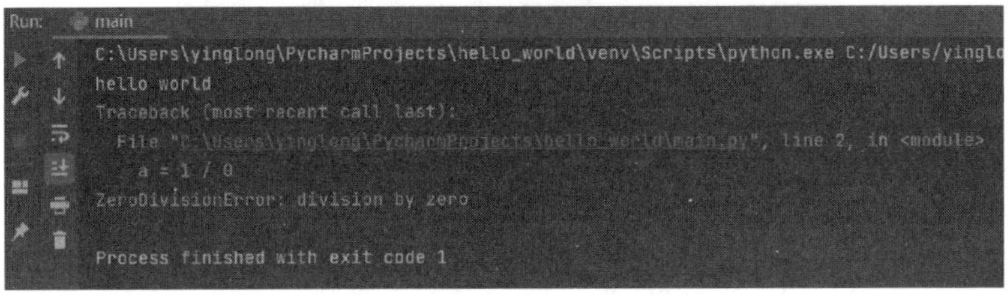

图 1-31　逻辑错误结果输出

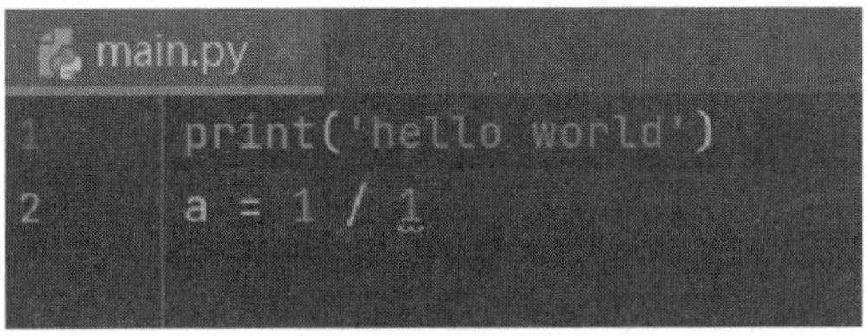

图 1-32　修正程序错误

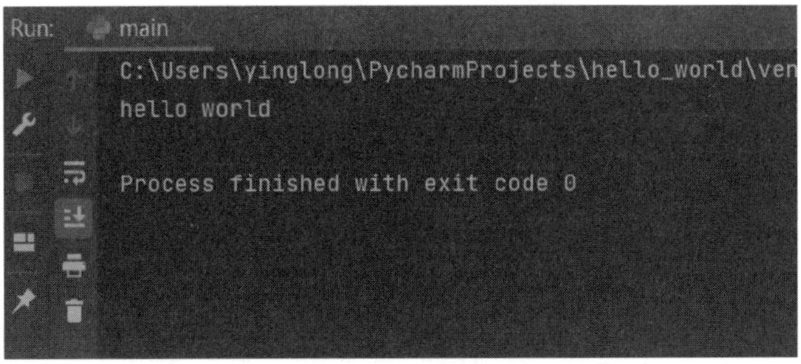

图 1-33　程序运行恢复正常

1.3.4　以 debug 模式调试程序

debug 是计算机排除故障的意思。为马克 2 号（Harvard Mark Ⅱ）编制程序的格蕾丝·霍珀（Grace Hopper）是一位美国海军准将及计算机科学家，作为世界最早的一批程序设计师之一，她在调试设备时出现故障，拆开继电器后，发现有只飞蛾被夹扁在触点中间，从而"卡"住了机器的运行。于是，霍珀诙谐地把程序故障统称为"臭虫"（bug），把排除程序故障叫"debug"。而这奇怪的称呼成为后来计算机领域的常用术语。

PyCharm 具有 debug 运行模式，专门用来对程序进行调试。使用 PyCharm 新建 debug_exercise.py 文件来学习如何使用 debug 运行模式。

如图 1-34 所示，第 1 行程序初始化变量 a，将变量的值设置为 1+1；第 2 行程序初始化变量 b，将变量的值设置为 a+1；第 3 行程序初始化变量 c，将变量的值设置为 a+b。

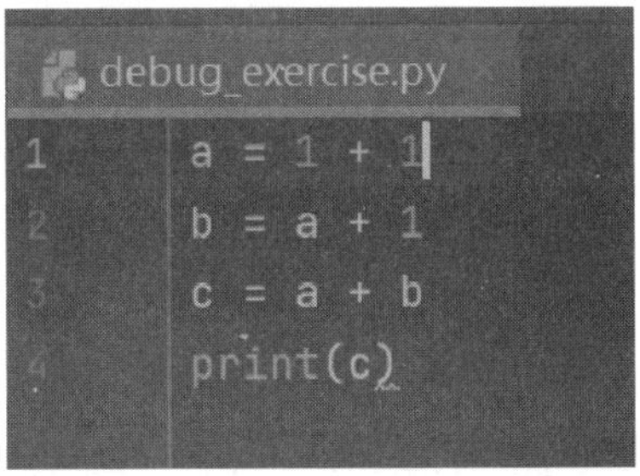

图 1-34 debug_exercise.py 中的程序

假如直接运行这段程序，将看到结果输出为 5。但是每行程序具体如何运行无从得知。但在 debug 运行模式下，可以看到每行程序具体如何运行，在调式程序时非常有用。

使用 debug 模式运行程序，首先在需要调试的程序行最左边点击左键，打上断点（图 1-35），然后点击右上角的 debug 按钮（图 1-36）或点击右键在弹出的快捷菜单中选择 debug 模式（图 1-37）。在启动 debug 模式运行程序后，程序将从断点的地方暂停，这时使用 debug 控制面板（图 1-38）就可以控制程序的运行。在 debug 控制面板的顶部有 7 个常用的控制按钮（图 1-39），依次是：

（1）show execution point（【F10】），显示当前所有断点。

（2）step over（【F8】），单步调试。若方法有子方法时，不会进入子方法内执行单步调试，而是把子方法当作一个整体，一步执行。

（3）step into（【F7】），单步调试。若方法有子方法时，会进入子方法内执行单步调试。

（4）step into my code（【Alt】+【Shift】+【F7】），执行下一行但忽略 libraries（导入库的语句）。

（5）force step into（【Alt】+【Shift】+【F7】），能够进入所有的方法。

(6) step out（【Shift】+【F8】），当目前执行在子方法中时，执行该操作可以直接跳出子方法，不用继续执行子方法中的剩余程序，并返回上一层方法。

(7) run to cursor（【Alt】+【F9】），直接跳到下一个断点。

点击【F7】进行单步调试，可以看到每次点击程序即运行一行程序，并且运行结果被输出到程序的右边（图1-40）。

当要结束调试时，可以点击 debug 控制面板左边的 Resume Program F9 或 Stop 按钮。当需要取消断点时，可以在断点上再次点击。

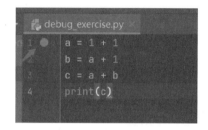

图1-35　打上断点

图1-36　进入 debug 模式的按钮

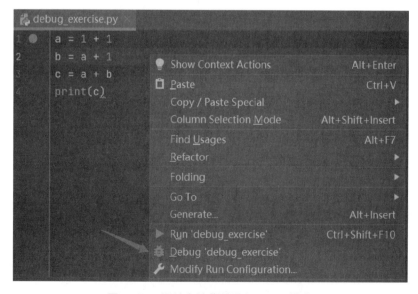

图1-37　通过右键菜单进入 debug 模式

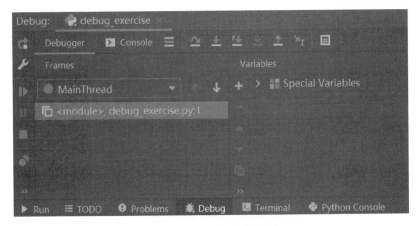

图 1-38　debug 控制面板

图 1-39　debug 控制面板常用按钮

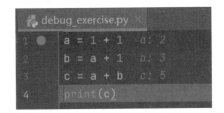

图 1-40　单步调试的结果输出

1.3.5　增强程序可读性

当一个程序源码太多，业务逻辑太复杂，一段时间后程序员有可能忘记以前写的程序是什么意思，或者其他接手编程工作的程序员不能理解原来的程序是什么意思，这就需要原创程序员在写程序时在复杂或关键的地方写上注释，用于解释或备注程序的意思或思路。对程序进行注释的方式有三种（图1-41）：第一种为多行注释，采用三个双引号；第二种为多行注释，采用三个单引号；第三种为单行注释，采用一个#号开头。需要注意的是，注释的语句将不能被运行，仅作为提示使用。

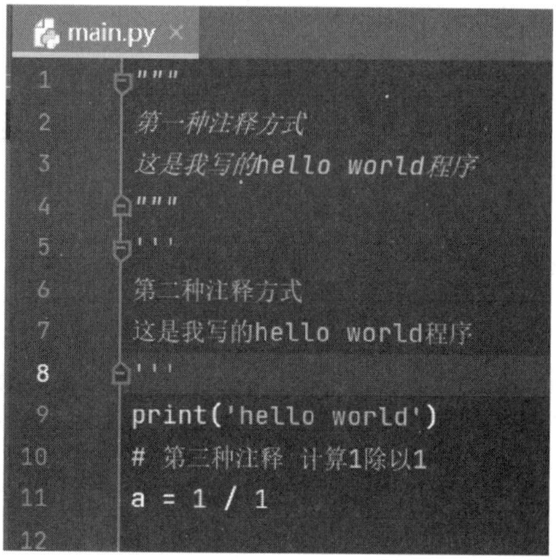

图 1-41 三种注释方式

1.4 数据操作

1.4.1 数字

数字分为整数（int）与浮点数（float）两种，整数的概念与数学的整数概念一致，如 1、3、12、356、-1、-34 等都是整数；浮点数与数学的小数概念一致，如 1.2、1.6、34.77 等都是浮点数。数字可以进行数学计算，表 1-1 列出了数学计算的基本运算符。

表 1-1 数学计算的基本运算符

运算符	含义
+	加
-	减
*	乘
/	除
//	除之后取整数
%	取余数
**	指数

使用 PyCharm 新建 number_exercise.py 文件，编写基本数学计算的程序进行练习（图 1-42），运行结果如图 1-43 所示。这里要进一步介绍 print 的用法，在 hello_world 程序中已经看到，print('hello world')用于在控制台输出 hello_world，同理图 1-42 中的 print('1+1=%s' % (1+1))用于向控制台输出 '1+1=%s' % (1+1)，其中%s 代表占位符，将会使用后面%括号内部的计算结果进行填充。图 1-42 中第 6 行程序中有两个%号，为什么输出结果仅有一个%号呢？这是因为在使用占位符%s 的程序中%号具有特殊含义，需要使用另一个%进行转译。图 1-42 中第 8 行程序为四则混合运算，可以使用数学里的小括号进行计算优先级设定。

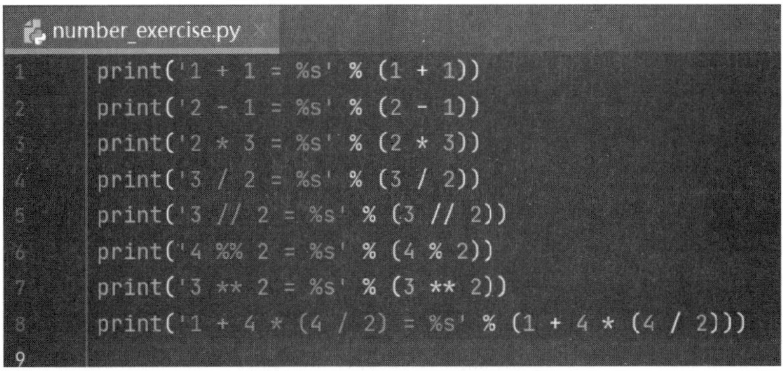

图 1-42 基本数学计算

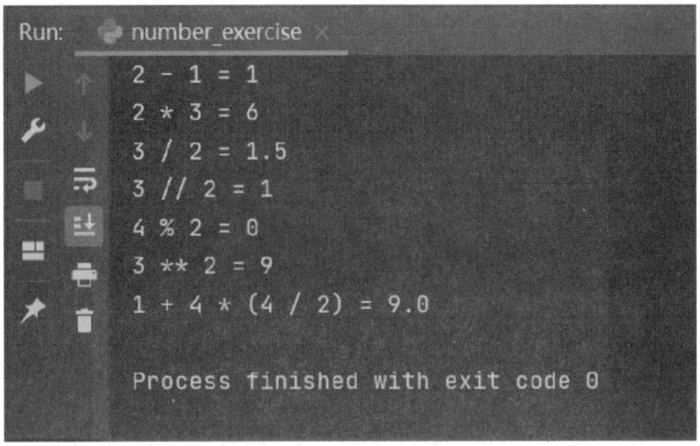

图 1-43 数学计算结果

那么，如何进行四舍五入、均值、标准差、三角函数甚至微积分计算呢？Python 中存在许多相关模块，可以进行相应的数学计算，甚至可以完成统计学中的 t 检验、方差分析、逻辑回归等。Python 的常用数学计算位于 math 模块中，表1-2对math模块中常用的数学计算方法进行了描述。

表1-2　math模块中常用的数学计算方法及描述

数学计算方法	描述
ceil(x)	返回x的上限，即大于或者等于x的最小整数。如果x不是一个浮点数，则委托x.__ceil__()，返回一个Integral类的值
comb(n,k)	返回不重复且无顺序地从n项中选择k项的方式总数
copysign(x,y)	返回一个基于x的绝对值和y的符号的浮点数。copysign(1.0,-0.0)返回-1.0
fabs(x)	返回x的绝对值
factorial(x)	以一个整数返回x的阶乘。如果x不是整数或为负数时，将引发ValueError
floor(x)	返回x的向下取整，小于或等于x的最大整数。如果x不是浮点数，则委托x.__floor__()，它应返回Integral值
fmod(x,y)	返回fmod(x,y)，由平台C库定义。需要注意的是，Python表达式x%y可能不会返回相同的结果。C标准的目的是fmod(x,y)完全（数学上；到无限精度）等于x-n*y对于某个整数n，使得结果具有x相同的符号和小于abs(y)的幅度。Python的x%y返回带有y符号的结果，并且可能不能完全计算浮点参数。例如，fmod(-1e-100,1e100)是-1e-100，但Python的-1e-100%1e100的结果是1e100-1e-100，它不能完全表示为浮点数，并且取整为1e100。出于这个原因，在使用浮点数时函数fmod()通常是首选，而Python的x%y在使用整数时是首选
frexp(x)	以(m,e)对的形式返回x的尾数和指数。m是一个浮点数，e是一个整数，正好是x==m*2**e。如果x为零，则返回(0.0,0)，否则返回0.5<=abs(m)<1。这用于以可移植方式"分离"浮点数的内部表示
fsum(iterable)	返回迭代中的精确浮点值。通过跟踪多个中间部分和来避免精度损失
gcd(*integers)	返回给定的整数参数的最大公约数。如果有一个参数非零，则返回值将是能同时整除所有参数的最大正整数。如果所有参数为零，则返回值为0。不带参数的gcd()返回0
isclose(a,b,*,rel_tol=1e-09,abs_tol=0.0)	若a和b的值比较接近，则返回True，否则返回False

续表1-2

数学计算方法	描述
isfinite(x)	如果 x 既不是无穷大也不是 NaN，则返回 True，否则返回 False。需要注意的是，0.0 被认为是有限的
isinf(x)	如果 x 是正或负无穷大，则返回 True，否则返回 False
isnan(x)	如果 x 是 NaN（不是数字），则返回 True，否则返回 False
isqrt(n)	返回非负整数 n 的整数平方根。这就是对 n 的实际平方根向下取整，或者相当于使得 $a^2 \leqslant n$ 的最大整数 a
lcm(*integers)	返回给定的整数参数的最小公倍数。如果所有参数均非零，则返回值将是所有参数的整数倍的最小正整数。如果参数之一为零，则返回值为 0。不带参数的 lcm() 返回 1
ldexp(x,i)	返回 x*(2**i)。这基本上是函数 frexp() 的反函数
modf(x)	返回 x 的小数和整数部分。两个结果都带有 x 的符号，并且是浮点数
nextafter(x,y)	返回 x 趋向于 y 的最接近的浮点数值
perm(n,k=None)	返回不重复，且有顺序地从 n 项中选择 k 项的方式总数
prod(iterable,*,start=1)	计算输入的 iterable 中所有元素的积。积的默认 start 值为 1
exp(x)	返回 e 次 x 幂，其中 e=2.718281…是自然对数的基数。这通常比 math.e ** x 或 pow(math.e,x) 更精确
expm1(x)	返回 e 的 x 次幂，减 1。这里 e 是自然对数的基数
log(x[,base])	使用一个参数，返回 x 的自然对数（底为 e）
log1p(x)	返回 1+x(base e) 的自然对数。以对于接近零的 x 精确的方式计算结果
log2(x)	返回 x 以 2 为底的对数。这通常比 log(x,2) 更准确
log10(x)	返回 x 底为 10 的对数。这通常比 log(x,10) 更准确
pow(x,y)	将返回 x 的 y 次幂。特殊情况尽可能遵循 C99 标准的附录 F。特别是，pow(1.0,x) 和 pow(x,0.0) 总是返回 1.0，即使 x 是零或 NaN。如果 x 和 y 都是有限的，x 是负数，y 不是整数，那么 pow(x,y) 是未定义的，并且引发 ValueError
sqrt(x)	返回 x 的平方根

续表1-2

数学计算方法	描述
acos(x)	返回以弧度为单位的 x 的反余弦值。结果范围为 0 到 pi
asin(x)	返回以弧度为单位的 x 的反正弦值。结果范围为 -pi/2 到 pi/2
atan(x)	返回以弧度为单位的 x 的反正切值。结果范围为 -pi/2 到 pi/2
atan2(y,x)	以弧度为单位返回 atan(y/x)。结果范围为 -pi 到 pi。从原点到点 (x,y) 的平面矢量使该角度与正 X 轴成正比
cos(x)	返回 x 弧度的余弦值
dist(p,q)	返回 p 与 q 两点之间的欧几里得距离,以一个坐标序列(或可迭代对象)的形式给出。两个点必须具有相同的维度
hypot(*coordinates)	返回欧几里得范数,sqrt(sum(x**2 for x in coordinates))。这是从原点到坐标给定点的向量长度;对于一个二维点(x,y),等价于使用毕达哥拉斯定义 sqrt(x*x+y*y)计算一个直角三角形的斜边
sin(x)	返回 x 弧度的正弦值
tan(x)	返回 x 弧度的正切值
degrees(x)	将角度 x 从弧度转换为度数
radians(x)	将角度 x 从度数转换为弧度
acosh(x)	返回 x 的反双曲余弦值
asinh(x)	返回 x 的反双曲正弦值
atanh(x)	返回 x 的反双曲正切值
cosh(x)	返回 x 的双曲余弦值
sinh(x)	返回 x 的双曲正弦值
tanh(x)	返回 x 的双曲正切值
pi	数学常数 $\pi=3.1415926\cdots$,精确到可用精度
e	数学常数 $e=2.718281\cdots$,精确到可用精度
tau	数学常数 $\tau=6.283185\cdots$,精确到可用精度。tau 是一个圆周常数,等于 2π,为圆的周长与半径之比

续表 1-2

数学计算方法	描述
inf	浮点正无穷大。需要注意的是，对于负无穷大，使用 -math.inf
nan	浮点"非数字"（NaN）值

需要注意的是，通过数学基本运算符进行浮点数计算存在精度损失的现象，如 0.1+0.2≠0.3，这时需要使用 decimal 模块进行高精度的数学计算。用 PyCharm 新建 number_decimal.py 文件进行实践，写入高精度浮点数运算程序（图 1-44），第 1 行程序 from decimal import Decimal 表示从 decimal 模块导入 Decimal 方法，第 4 行程序表示使用 Decimal 方法将 0.1 与 0.2 进行高精度转换后再进行浮点数运算。从运算结果可以看到，使用基本运算符计算 0.1+0.2 等于 0.30000000000000004，存在精度损失，在使用高精度计算模块计算后，对计算结果进行了修正，0.1+0.2 的结果等于 0.3，运行结果如图 1-45 所示。

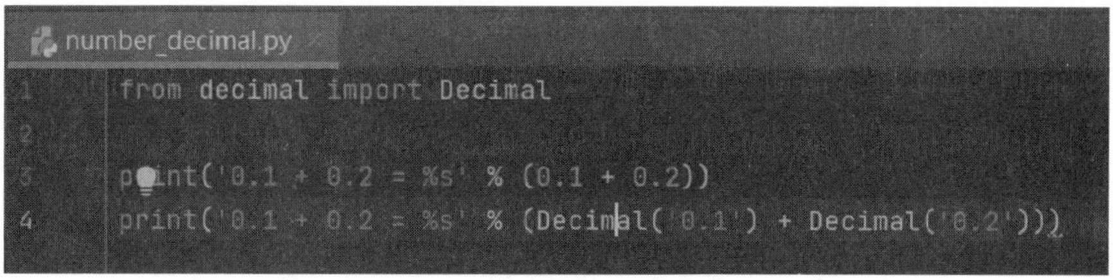

图 1-44 高精度浮点数运算

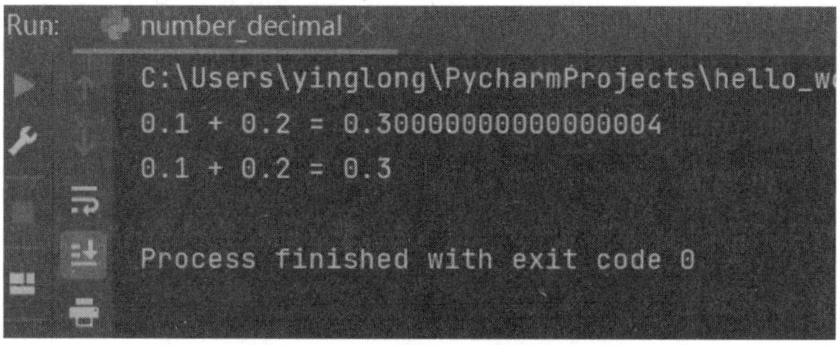

图 1-45 高精度浮点数运算结果

1.4.2 字符串

在单引号内部或者双引号内部的字符或数字都是字符串，Python 可以对字符串进行输出、截切、替换、查找等基本操作。用 PyCharm 新建 string_ exercise.py 文件，编写如图 1-46 所示程序，并运行，得到每行程序后面注释的结果。

```
1  print('hello world')              # hello world
2  print('I\'m grogrammer')          # I'm grogrammer
3  print('D:\\document\\study')      # D:\document\study
4  print('abcde'[0])                 # a
5  print('abcde'[1])                 # b
6  print('abcde'[-1])                # e
7  print('abcde'[-2])                # d
8  print('abcde'[1:3])               # bc
9  print('abcde'[1:])                # bcde
10 print('abcde'[:3])                # abc
11 print('abcde'.replace('c', 'C'))  # abCde
12 print('abcde'.find('d'))          # 3
```

图 1-46　字符串练习

如图 1-46 所示，第 1 行程序直接在控制台输出字符串 hello world。

第 2 行程序希望输出 I'm grogrammer，但是由于外部使用单引号进行字符串申明，内部的单引号会对其构成影响，所以内部的单引号需要使用斜杠进行转义，故必须写成 I\'m grogrammer。更多转义字符及描述参见表 1-3。

表 1-3　转义字符及描述

转义字符	描述
\（在行尾时）	续行符
\\	反斜杠符号
\'	单引号
\"	双引号
\a	响铃
\b	退格（Backspace）
\e	转义
\000	空
\n	换行
\v	纵向制表符
\t	横向制表符

续表1-3

转义字符	描述
\r	回车
\f	换页
\oyy	八进制数，y代表0到7的字符，例如\012代表换行
\xyy	十六进制数，以\x开头，yy代表的字符，例如\x0a代表换行
\other	其他字符以普通格式输出

第3行程序希望输出 D:\document\study，由于斜杠代表转译具有特殊意义，所以必须在斜杠前再加一条斜杠将斜杠进行转义，才能进行正确输出。

第4行~第10行程序都是对字符串 abcde 进行截切，方括号是索引操作符，靠内部的数字对字符串进行截切。字符串从前往后的索引位置从0开始，从后往前的索引位置从-1开始，故'abcde'[0]表示取第1个字符串，'abcde'[1]表示取第2个字符串，'abcde'[-1]表示取最后1个字符串，'abcde'[-2]表示取倒数第2个字符串，'abcde'[1:3]表示取第2个到第4个字符串（不包括4），'abcde'[1:]表示取第2个到结尾的字符串，'abcde'[:3]表示取从开头到第4个字符串（不包含4）。

第11行程序表示将'abcde'中的小写字母 c 替换成大写字母 C。'abcde'后面的点代表方法调用，replace 代表调用的方法，括号里面的第1个参数小写字母 c 代表要替换的字符串，第2个参数大写字母 C 代表替换成的目标字符串。最终'abcde'字符串通过调用 replace 方法，将小写字母 c 替换成大写字母 C。

第12行程序表示查找'abcde'中的字母 d 的位置，调用了 find 方法，传入了需要查找的字符串 d 字母，结果返回了索引位置3。由于索引位置是从0开始的，所以索引3代表真实位置4，也就是说字母 d 出现在了'abcde'字符串的第4个位置。

字符串还有很多其他非常有用的方法，如小写字母转大写字母、去除字符串两头的空白、用特定标识拆分字符串等，这些方法需要在写程序的过程中不断积累。常用字符串的处理方法及描述见表1-4。

表1-4 常用字符串的处理方法及描述

方法	描述
capitalize()	将字符串的第一个字符转换为大写

续表1-4

方法	描述
center(width, fillchar)	返回一个指定的宽度 width 居中的字符串，fillchar 为填充的字符，默认为空格
count(str, beg=0, end=len(string))	返回 str 在 string 里面出现的次数，如果 beg 或者 end 指定，则返回指定范围内 str 出现的次数
bytes.decode(encoding="utf-8", errors="strict")	使用 bytes 对象的 decode()方法来解码给定的 bytes 对象，这个 bytes 对象可以由 str.encode()来编码返回
encode(encoding='UTF-8', errors='strict')	以 encoding 指定的编码格式编码字符串，如果出错，默认报一个 ValueError 的异常，除非 errors 指定的是'ignore'或者'replace'
endswith(suffix, beg=0, end=len(string))	检查字符串是否以 obj 结束，如果 beg 或者 end 指定，则检查指定的范围内是否以 obj 结束；如果是，返回 True，否则返回 False
expandtabs(tabsize=8)	把字符串 string 中的 tab 符号转为空格，tab 符号默认的空格数是 8
find(str, beg=0, end=len(string))	检测 str 是否包含在字符串中，如果指定范围 beg 和 end，则检查是否包含在指定范围内；如果包含返回开始的索引值，否则返回-1
index(str, beg=0, end=len(string))	跟 find()方法一样，只是如果 str 不在字符串中会报一个异常
isalnum()	如果字符串至少有一个字符并且所有字符都是字母或数字，则返回 True，否则返回 False
isalpha()	如果字符串至少有一个字符并且所有字符都是字母或中文字，则返回 True，否则返回 False
isdigit()	如果字符串只包含数字，则返回 True，否则返回 False
islower()	如果字符串中包含至少一个区分大小写的字符，并且所有这些（区分大小写的）字符都是小写，则返回 True，否则返回 False
isnumeric()	如果字符串中只包含数字字符，则返回 True，否则返回 False

续表1-4

方法	描述
isspace()	如果字符串中只包含空白，则返回 True，否则返回 False
istitle()	如果字符串是标题化的（见 title()）则返回 True，否则返回 False
isupper()	如果字符串中包含至少一个区分大小写的字符，并且所有这些（区分大小写的）字符都是大写，则返回 True，否则返回 False
join(seq)	以指定字符串作为分隔符，将 seq 中所有元素转换为字符串，然后合并为一个新的字符串
len(string)	返回字符串长度
ljust(width[,fillchar])	返回一个原字符串左对齐，并使用 fillchar 填充至长度 width 的新字符串，fillchar 默认为空格
lower()	转换字符串中所有大写字符为小写
lstrip()	截掉字符串左边的空格或指定字符
maketrans()	创建字符映射的转换表，对于接受两个参数的最简单的调用方式，第一个参数是字符串，表示需要转换的字符，第二个参数也是字符串，表示转换的目标
max(str)	返回字符串 str 中最大的字母
min(str)	返回字符串 str 中最小的字母
replace(old,new [,max])	将字符串中的 old 替换成 new，如果 max 指定，则替换不超过 max 次
rfind(str,beg=0,end=len(string))	类似于 find()函数，不过是从右边开始查找
rindex(str,beg=0,end=len(string))	类似于 index()，不过是从右边开始
rjust(width,[,fillchar])	返回一个原字符串右对齐，并使用 fillchar（默认空格）填充至长度 width 的新字符串
rstrip()	删除字符串末尾的空格
split(str="",num=string.count(str))	以 str 为分隔符截取字符串，如果 num 有指定值，则仅截取 num+1 个子字符串

续表1-4

方法	描述
splitlines([keepends])	按照行 ('\r', '\r\n', \n") 分隔, 返回一个包含各行作为元素的列表, 如果参数 keepends 为 False, 则不包含换行符, 如果为 True 则保留换行符
startswith(substr, beg=0, end=len(string))	检查字符串是否以指定子字符串 substr 开头, 是则返回 True, 否则返回 False。如果 beg 和 end 指定值, 则在指定范围内检查
strip([chars])	在字符串上执行 lstrip() 和 rstrip()
swapcase()	将字符串中大写转换为小写, 小写转换为大写
title()	返回"标题化"的字符串, 就是说所有单词都是以大写开始, 其余字母均为小写(见 istitle())
translate(table, deletechars="")	根据 str 给出的表(包含256个字符)转换 string 的字符, 将要过滤掉的字符放到 deletechars 参数中
upper()	转换字符串中的小写字母为大写
zfill(width)	返回长度为 width 的字符串, 原字符串右对齐, 前面填充 0
isdecimal()	检查字符串是否只包含十进制字符, 如果是则返回 True, 否则返回 False

使用 PyCharm 新建 extract_data.py, 写入图 1-47 所示程序并运行, 解析字符串"姓名: 张三 年龄: 23 性别: 男", 并从中提取出张三的年龄 23。

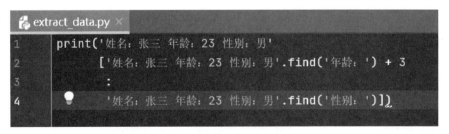

图 1-47 解析字符串并提取年龄

1.4.3 变量

1. 变量的使用

Python 中的变量类似初等代数中的变量，初等代数有如下表达式：设 $x=1$，$y=2$，$z=x+y$，计算 z 的值是多少？答案是 3。使用变量可以使程序变得简单易懂，如图 1-47 解析字符串并提取年龄的程序，初学者看起来非常复杂，但是使用变量进行简化后，就简单多了。使用 PyCharm 新建 extract_data2.py 写入图 1-48 所示程序，运行结果与图 1-47 所示程序的运行结果相同。

```
person_info = '姓名：张三 年龄：23 性别：男'
age_index = person_info.find('年龄：') + 3
sex_index = person_info.find('性别：')
age = person_info[age_index: sex_index]
print(age)
```

图 1-48 使用变量简化程序

图 1-48 中，第 1 行程序定义变量 person_info，用于记录需要提取年龄数据的字符串。

第 2 行程序定义变量 age_index，用于从 person_info 中寻找年龄数据的开始位置。

第 3 行程序定义变量 sex_index，用于从 person_info 中寻找年龄数据的结束位置。

第 4 行程序定义变量 age，用于从 person_info 中截取从年龄数据开始的位置到结束位置的字符串，即需要提取的年龄 23。

第 5 行程序将截取到的年龄 23 进行输出。

很多程序都可以使用这种方式来简化，简化后将大幅度提高程序的可读性。

2. 变量命名规则

变量的命名规则如下：

（1）由字母、下划线和数字组成，空格使用下划线代替；

（2）不能以数字开头；

（3）不能与关键字重名；

（4）区分大小写。

关键字是已经被 Python 内部使用的标识符，可用如下两行程序进行查看：

import keyword

print(keyword.kwlist)

3. 变量类型及转化

Python 的变量有数字类型及非数字类型两种。数字类型有整型（int）、浮点型（float）、布尔型（bool）、复数型（complex）。非数字类型有字符串、列表、元组、字典、自定义对象。

不同的变量类型间不能直接进行计算，需要转化后才能计算。如试图将整型 1 与字符串 a 进行相加，即1+'a'，将导致程序报错。正确的写法是先利用 str 方法将整型 1 转化成字符串 1，然后再与字符串 a 相加，即 str(1)+'a'。

1.4.4 集合

程序能进行批量数据处理的关键在于集合，集合就是将许多数据组织到一起，可进行初始化、增加数据、删除数据、遍历数据等操作。常用的集合是 list，使用 PyCharm 新建 list_exercise.py 进行练习（图 1-49）。

```
a = [1, 2, 3, 4]
print(a)                # [1, 2, 3, 4]

a.append(5)
print(a)                # [1, 2, 3, 4, 5]

a.extend([6, 7, 8])
print(a)                # [1, 2, 3, 4, 5, 6, 7, 8]
print(len(a))           # 8


print(a[0])             # 1
print(a[-1])            # 8
print(a[1:3])           # [2, 3]

del a[0]
print(a)                # [2, 3, 4, 5, 6, 7, 9]

a[-1] = 10
print(a)                # [2, 3, 4, 5, 6, 7, 10]
```

图 1-49　list 练习

图 1-49 中，第 1 行程序初始化了一个 list，包含 1、2、3、4 共四个数字类型的数据。在 list 里面放其他数据也是可以的，比如初始化一个放姓名的 list，将变量名称取为 names，程序为 names=['张三','李四','王五']。

第 4 行程序调用 list 的 append 方法，增加了一个数字 5。

第 7 行程序调用 list 的 extend 方法，将原来的集合扩展上 6、7、8 三个数字。

第 9 行程序使用 len() 方法获取集合长度。

第 11~13 行程序对集合进行数据截取，与截取字符串的操作相同。

第 15 行程序删除了 a[0] 位置上的数据，同时把集合的第一个元素删除了。

第 18 行程序将 a[-1] 位置上的数据修改为 10，即将集合最后一个数据修改成了 10。

除上述这些操作外，集合还有很多其他操作，如插入数据、排序、清空等方法。list 常用操作方法及描述见表 1-5。

表 1-5 list 常用操作方法及描述

方法	描述
cmp(list1,list2)	比较两个列表的元素
len(list)	列表元素个数
max(list)	返回列表元素最大值
min(list)	返回列表元素最小值
list(seq)	将元组转换为列表
list.append(obj)	在列表末尾添加新的对象
list.count(obj)	统计某个元素在列表中出现的次数
list.extend(seq)	在列表末尾一次性追加另一个列表中的多个值（用新列表扩展原来的列表）
list.index(obj)	从列表中找出某个值第一个匹配项的索引位置
list.insert(index,obj)	将对象插入列表
list.pop([index=-1])	移除列表中的一个元素（默认为最后一个元素），并且返回该元素的值
list.remove(obj)	移除列表中某个值的第一个匹配项
list.reverse()	将列表中的元素反向
list.sort(cmp=None,key=None,reverse=False)	对原列表进行排序

除了 list 外，最常用的集合还有元组与 set。它们与 list 很相似，但也有各自的特点，利用这些特点可以很方便地实现一些特定功能。

元组与 list 相比最大的不同在于元组不能被修改，元组定义的使用只需要把定义 list 的中括号改成小括号就可以了，如 a=(1,2,3,4)就是一个元组。

set 与 list 相比，最大的不同在于 set 中不能包含重复元素，利用这个特性，可以很容易地对集合中的元素进行去重复处理。定义 set 仅需将定义 list 的中括号改成大括号，如 a={1,2,3,4}就是一个 set。

使用 set 对 list 中的元素进行去空的代码如下：

```
#定义一个变量a,将a的值赋值为包含1、1、2、2四个元素的list
a=[1,1,2,2]

#利用set()方法将a转化为set,然后再利用list方法将set转换为list
a=list(set(a))

# a已经被去重,输出为[1,2]
print(a)
```

set 对象可以进行集合运算，包括交集、并集、差集、补集。假设有 A 与 B 两个集合，交集就是同时存在于 A、B 两个集合中的元素；并集同时包含 A、B 两个集合中的元素；差集就是存在于 A 中、不存在于 B 中的元素，或存在于 B 中、不存在于 A 中的元素；补集是 A、B 交集之外的元素。

代码如下：

```
#定义a与b两个set
a={1,2,3,4}
b={1,2,3,5}

print(a&b)  # 计算交集
print(a|b)  # 计算并集
print(a-b)  # 计算差集
print(a^b)  # 计算补集
```

结果输出为：

{1,2,3}
{1,2,3,4,5}

{4}
{4,5}

1.4.5 字典

字典可以很好地表现个体数据，例如某人的信息为姓名张三、性别男、身高 180 cm、体重 75 kg，使用 PyCharm 新建 dictionary_exercise.py 进行练习（图 1-50）。

```
man = {'姓名': '张三', '性别': '男', '身高': 180, '体重': 75}
print(man)              # {'姓名': '张三', '性别': '男', '身高': 180, '体重': 75}
print(man['性别'])       # 男

man['年龄'] = 24
print(man)              # {'姓名': '张三', '性别': '男', '身高': 180, '体重': 75, '年龄': 24}

man['身高'] = 170
print(man)              # {'姓名': '张三', '性别': '男', '身高': 170, '体重': 75, '年龄': 24}

del man['性别']
print(man)              # {'姓名': '张三', '身高': 170, '体重': 75, '年龄': 24}
```

图 1-50 dictionary 练习

图 1-50 中，第 1 行程序初始化了 dictionary，观察发现 dictionary 最外层是大括号，中间用逗号分隔，然后属性与属性值之间用冒号进行分隔。属性称为键，属性值称为值，键一定是字符串类型，值可以为任意类型。

第 3 行程序采用索引的方式获取了性别的值为男。

第 5 行程序新加年龄为 24。

第 8 行程序修改身高为 170。

第 11 行程序删除性别。

通过 list 与 dictionary 的组合，可以表达 Excel 中的数据。使用 PyCharm 新建 combine_list_dictionary.py 进行练习（图 1-51）。

```
combine_list_dictionary.py
1  datas = [
2      {'姓名': '张三', '性别': '男', '年龄': 12},
3      {'姓名': '李四', '性别': '女', '年龄': 34},
4      {'姓名': '王五', '性别': '男', '年龄': 29}
5  ]
```

图 1-51　list 与 dictionary 联合使用

图 1-51 所示程序初始化了一个变量为 datas 的数据，数据外层是用中括号初始化的 list，里面放置了三条用花括号初始化的 dictionary，每个 dictionary 包含样本的姓名、性别、年龄三个数据项。dictionary 还有很多其他常用操作方法及描述，详见表 1-6。

表 1-6　dictionary 常用操作方法及描述

方法	描述
cmp(dict1, dict2)	比较两个字典元素
len(dict)	计算字典元素个数，即键的总数
str(dict)	输出字典可打印的字符串表示
type(variable)	返回输入的变量类型，如果变量是字典就返回字典类型
dict.clear()	删除字典内所有元素
dict.copy()	返回一个字典的浅复制
dict.fromkeys(seq[, val])	创建一个新字典，以序列 seq 中的元素作字典的键，val 为字典所有键对应的初始值
dict.get(key, default=None)	返回指定键的值，如果值不在字典中返回 default 值
dict.has_key(key)	如果键在字典 dict 里返回 True，否则返回 False
dict.items()	以列表返回可遍历的（键,值）元组数组
dict.keys()	以列表返回一个字典所有的键
dict.setdefault(key, default=None)	和 get() 类似，但如果键不存在于字典中，将会添加键并将值设为 default
dict.update(dict2)	把字典 dict2 的键/值对更新到 dict 里
dict.values()	以列表返回字典中的所有值

续表1-6

方法	描述
pop(key[,default])	删除字典给定键 key 所对应的值,返回值为被删除的值。key 值必须给出,否则返回 default 值
popitem()	返回并删除字典中的最后一对键和值

1.5 控制语句

1.5.1 for 循环

for 循环用于遍历可迭代的对象,将其中的每个元素依次拿出来进行处理。一般形式如下:

for <variable> in <sequence>:
  <statements>

其中<sequence>为可迭代的对象,如 list 对象。<variable>为循环变量,代表依次从<sequence>中获取的单个元素。<statements>代表任意代码块。for 循环执行流程如图 1-52 所示。

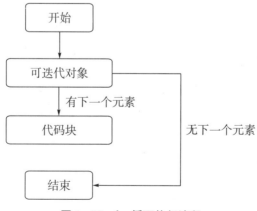

图 1-52 for 循环执行流程

在 for 循环中有两个重要的循环空值关键词:break 与 continue。break 用于跳出循环体(图 1-53),continue 用于跳过当前循环块中的剩余语句,然后继续进行下一轮循环（图1-54）。

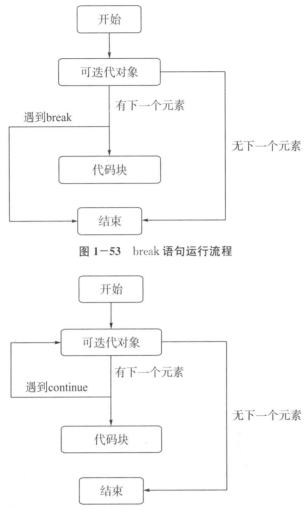

图1-53 break 语句运行流程

图1-54 continue 语句运行流程

break 示例代码如下：

for i in range(5):
    if i==3:
        break
    print(i)

在上述示例代码中，range(5)用于创建0~4共5个数字，然后将数字进行遍历，当遍历到3时调用了 break 语句，导致循环停止，故仅打印了0~2

三个数字。

continue 示例代码如下：

```
for i in range(5):
    if i==3:
        continue
    print(i)
```

在上述示例代码中，range(5)用于创建 0～4 共 5 个数字，然后将数字进行遍历，当遍历到 3 时调用了 continue 语句，导致本次循环结束，后续代码块不再运行，开始运行下一次循环，故打印了 0、1、2、4 四个数字，不会打印数字 3。

1.5.2 while 循环

while 循环用于遍历可迭代的对象，将其中的每个元素依次拿出来进行处理。一般形式如下：

```
while <condition>:
    <statement>
```

其中<condition>代表条件表达式，如果成立则继续循环，如果不成立则终止循环。<statement>代表被循环处理的代码块。while 循环执行流程如图 1-55 所示。

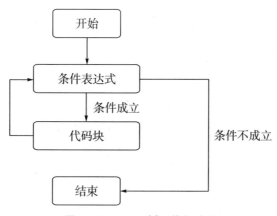

图 1-55　while 循环执行流程

在 while 循环中，仍然可以使用 break 与 continue 对执行流程进行控制。break 示例代码如下：

```
i=0
while i<5:
    if i==3:
        break
    print(i)
    i=i+1
```

continue 示例代码如下:

```
i=0
while i<5:
    if i==3:
        i=i+1
        continue
    print(i)
    i=i+1
```

上述两段示例代码可以达到同 for 循环中的 break 与 continue 示例代码同样的执行结果。

1.5.3 数据的循环遍历

1. list 的数据遍历

list 中包含许多数据，对其进行批量操作时，需要使用数据遍历技术。使用 PyCharm 新建 traverse_list.py 进行练习。图 1-56 所示程序将变量 numbers 中的数据都进行了加 1 处理，并将结果输出到控制台。

```
1  numbers = [1, 2, 3, 4, 5]
2  for number in numbers:
3      number = number + 1
4      print(number)
```

图 1-56　list 遍历技术

图 1-56 中，第 1 行程序初始化了一个变量 numbers，将 numbers 的值设置为 1、2、3、4、5 五个数字。

第 2 行~第 4 行程序是一个循环体，第一次循环首先执行第 2 行程序，将

numbers 中的第一个数据 1 拿出来放到循环变量 number 中；然后运行第 3 行程序，将循环变量 number 加上 1，再次赋值给循环变量 number，这时循环变量的值变为 2；最后运行第 4 行程序，将循环变量 number 的值进行输出，第一次循环结束。接着进行第二次循环，运行第 2 行程序，将 numbers 中的第二个数据 2 拿出来放到循环变量 number 中继续进行处理，直到将 numbers 中的所有数据遍历完，才退出循环体。

2. dictionary 的数据遍历

dictionary 用于表示个体的信息，当个体的信息过多时，也需要进行批量处理。使用 PyCharm 新建 traverse_dictionary. py 进行练习（图 1—57）。结果输出如图 1—58 所示，将变量 man 中的键值对进行了逐行输出。

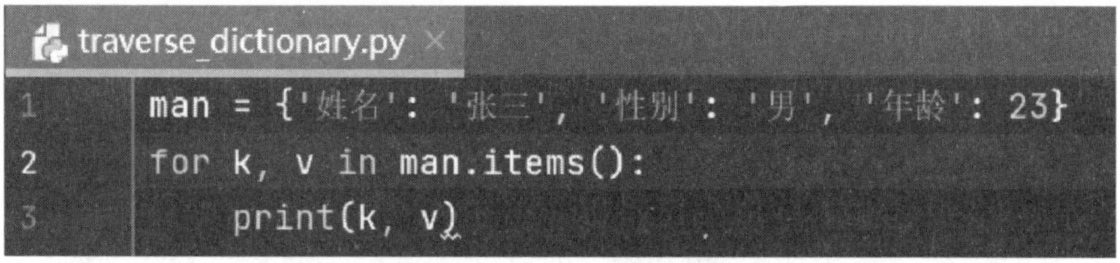
traverse_dictionary.py
1 man = {'姓名': '张三', '性别': '男', '年龄': 23}
2 for k, v in man.items():
3 print(k, v)

图 1—57 dictionary 遍历技术

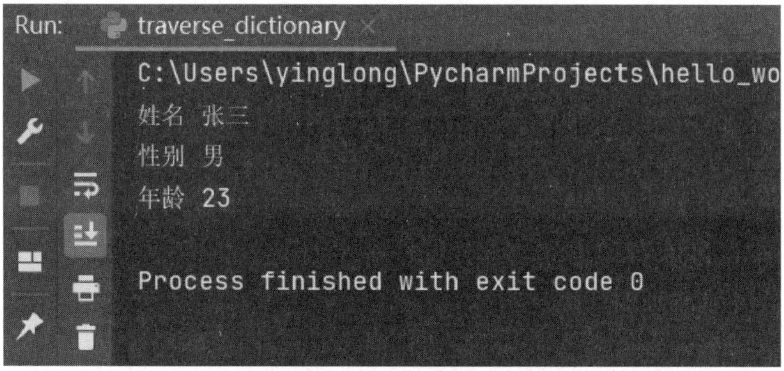
Run: traverse_dictionary
C:\Users\yinglong\PycharmProjects\hello_wo
姓名 张三
性别 男
年龄 23
Process finished with exit code 0

图 1—58 dictionary 遍历结果

图 1—57 中，第 1 行程序初始化了变量 man，man 包含姓名、性别、年龄三个信息。

第 2 行～第 3 行程序为循环体，man. items( ) 代表变量 man 的键值对集合。

第一次运行执行第 2 行程序，将变量 man 的键值对集合中的第一对键值对取出，键放到循环变量 k 中，值放到循环变量 v 中，然后执行第 3 行程序，将循环变量 k 与循环变量 v 的值进行输出。再返回第 2 行程序，将变量 man

的键值对集合中的第二对键值对取出进行同样的处理，直到变量 man 中的所有键值对都处理完为止。

3. list 与 dictionary 联合使用时数据遍历

for 循环可以进行嵌套使用，例如当 list 与 dictionary 联合使用需要遍历时，就必须采用两层 for 循环嵌套的方式。使用 PyCharm 新建 traverse_list_dictionary. py 进行练习（图 1－59）。运行结果如图 1－60 所示，将变量 datas 中嵌入 list 结构的 dictionary 的键值对逐行进行显示。

```
traverse_list_dictionary.py
1  datas = [
2      {'姓名': '张三', '性别': '男', '年龄': 12},
3      {'姓名': '李四', '性别': '女', '年龄': 34},
4      {'姓名': '王五', '性别': '男', '年龄': 29}
5  ]
6  for data in datas:
7      for k, v in data.items():
8          print(k, v)
```

图 1－59　for 循环的嵌套使用

```
Run: traverse_list_dictionary
C:\Users\yinglong\PycharmProjects\hello_wor
姓名 张三
性别 男
年龄 12
姓名 李四
性别 女
年龄 34
姓名 王五
性别 男
年龄 29
```

图 1－60　for 循环的嵌套使用运行结果

图 1－59 中，第 1 行～第 5 行程序初始化了变量 datas。datas 是一个 list 结构，list 内部元素是一个 dictionary 结构，每个 dictionary 结构拥有姓名、性别、年龄三个属性。

第 6 行~第 8 行程序为第一层 for 循环体，第 7 行~第 8 行程序为第二层 for 循环体，循环体边界以 tab 缩进进行标识，每个 tab 为一层嵌套。运行逻辑为：首先运行第 6 行程序，将变量 datas 中的第一个数据项放入循环变量 data，这时循环变量 data 保存的是姓名为张三的 dictionary；然后运行第 7 行程序，将循环变量 data 中的键值对集合的第一对键值对的键放入循环变量 k，值放入循环变量 v；接着执行第 8 行程序，将循环变量 k 与循环变量 v 进行输出；跳转到第 7 行程序继续往下运行，直至循环变量 data 中的键值对集合全部处理完成才退出第二层循环体；返回第一层循环体进行运行，直至 datas 中的数据全部处理完成，程序结束。

1.5.4 条件判断

条件判断用于控制程序运行的流程，赋予程序根据不同情况选择不同业务流程的能力。

1. if 语句

使用 PyCharm 新建 if_exercise.py 文件进行练习（图 1-61）。

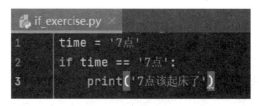

图 1-61　if 语句

图 1-61 中，第 1 行程序初始化了变量 time 等于字符串 7 点。

第 2 行程序利用 if 语句判断变量 time 是否等于字符串 7 点，如果等于就执行第 3 行程序，向控制台输出 7 点该起床了。值得注意的是，if 后面紧接的一定是条件表达式。

2. if...elif 语句

使用 PyCharm 新建 if_elif_exercise.py 文件进行练习（图 1-62）。

```
if_elif_exercise.py
1  time = '8点'
2  if time == '7点':
3      print('7点该起床了')
4  elif time == '8点':
5      print('8点吃早点')
```

图 1-62　if... elif 语句

图 1-62 中，第 1 行程序初始化了变量 time，将 time 设置为字符串 8 点。

第 2 行程序使用 if 进行判断，如果变量 time 等于字符串 7 点，则向控制台输出 7 点该起床了，不再运行剩下的判断语句；如果不满足条件，则继续往下运行。

第 4 行程序使用 elif 进行判断，如果变量 time 等于字符串 8 点，则向控制台输出 8 点吃早点。值得注意的是，elif 后接条件表达式，可以使用多个 elif 结构形成多条件的分支判断结构。

3. if... elif... else 语句

使用 PyCharm 新建 if_elif_else_exercise.py 文件进行练习（图 1-63）。

```
if_elif_else_exercise.py
1  time = '9点'
2  if time == '7点':
3      print('7点该起床了')
4  elif time == '8点':
5      print('8点吃早点')
6  else:
7      print('不是起床和吃早点的时间')
```

图 1-63　if... elif... else 语句

图 1-63 中，第 1 行程序初始化了变量 time，将 time 设置为字符串 9 点。

第 2 行程序使用 if 进行判断，如果变量 time 等于字符串 7 点，则向控制台输出 7 点该起床了，不再运行剩下的判断语句；如果不满足条件，则继续往下运行。

第 4 行程序使用 elif 进行判断，如果变量 time 等于字符串 8 点，则向控制台输出 8 点吃早点，不再运行剩下的判断语句。

第 6 行程序使用 else，除上述条件外，剩下的其他情况都向控制台输出不是起床和吃早点的时间。

4. 条件表达式

if 与 elif 后紧接的都是条件表达式，条件表达式有两类：一类是进行值的比较，另一类是进行逻辑判断。

值的比较除上述的＝＝号外，还有数值比较操作符大于（＞）、小于（＜）、大于等于（＞＝）、小于等于（＜＝）、不等于（！＝）、属于（in）、不属于（not in）。

逻辑判断有或（or）、且（and）、非（not）。使用或（or）连接的条件，只要有一个成立就能通过，执行判断语句块里面的程序；使用且（and）连接的条件，要全部成立才能通过，执行判断语句块里面的程序。条件表达式的判定情况可以参考条件表达式真值表（表 1-7）。

表 1-7 条件表达式真值表

表达式	结果
not False	True
not True	False
True or False	True
True or True	True
False or True	True
False or False	False
True and False	False
True and True	True
False and False	False
False and True	False
not（True or False）	False
not（True or True）	False
not（False or True）	False
not（False or False）	True
not（True and False）	True
not（True and True）	False
not（False and True）	True

续表1—7

表达式	结果
not（False and False）	True
1 ! =0	True
1 ! =1	False
0 ! =1	True
0 ! =0	False
1==0	False
1==1	True
0==1	False
0==0	True

使用 PyCharm 新建 condition_exercise. py 进行练习（图 1—64）。

```
condition_exercise.py
1  weather = '天晴'
2  temperature = 30
3  if weather in ['天晴', '多云'] and temperature > 28:
4      print('今天好热啊')
5  elif weather in ['暴雨', '台风'] or temperature < 0:
6      print('今天不适合出门')
```

图 1—64 条件表达式练习

图 1—64 中，第 1 行程序初始化变量 weather，将 weather 设置为天晴。

第 2 行程序初始化变量 temperature，将 temperature 设置为 30。

第 3 行程序进行判断，假如 weather 的值属于天晴、多云其中一项，并且 temperature 大于 28，则向控制台输出今天好热啊，然后程序运行结束；假如不满足这些条件，则继续向下运行。

第 5 行程序进行判断，假如 weather 的值属于暴雨、台风其中一项，或者 temperature 小于 0，则向控制台输出今天不适合出门，程序运行结束。

1.6 算法与业务流程

本书的主旨是使用 Python 从各种渠道提取临床数据。在构建 Python 程序时，用数字、字符串表现最基础的数据，用 list、dictionary 组织数据，用 for 循环进行批量处理，用 if 判断控制运行流程。除此以外，了解相关算法与业务流程也很重要。

算法（Algorithm）是指解题方案准确而完整的描述，是一系列解决问题的清晰指令。算法代表着用系统的方法描述解决问题的策略机制，也就是说，能够对一定规范的输入，在有限时间内获得所要求的输出。如果一个算法有缺陷，或不适合于某个问题，执行这个算法将不会解决这个问题。不同的算法可能用不同的时间、空间或效率来完成同样的任务。一个算法的优劣可以用空间复杂度与时间复杂度来衡量，时间复杂度是指执行算法所需要的计算工作量，空间复杂度是指算法需要消耗的内存空间。

1.6.1　判别平年与闰年

非整百年份，能被 4 整除的是闰年（如 2004 年是闰年，2001 年不是闰年）；整百年份，能被 400 整除的是闰年（如 2000 年是闰年，1900 年不是闰年）。新建 common_year_and_leap_year. py 文件写入程序，可判别平年与闰年（图 1—65）。

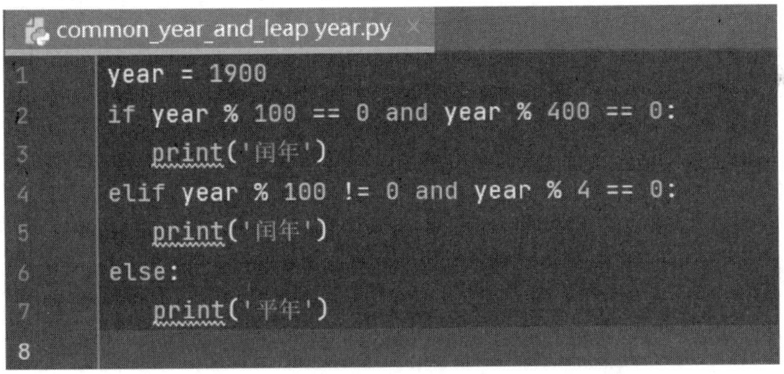

```
common_year_and_leap_year.py
1 year = 1900
2 if year % 100 == 0 and year % 400 == 0:
3     print('闰年')
4 elif year % 100 != 0 and year % 4 == 0:
5     print('闰年')
6 else:
7     print('平年')
8
```

图 1—65　判断给定的年份是平年还是闰年

图 1—65 中，第 1 行程序初始化变量 year，并且将值设置为 1900。

第 2 行～第 3 行程序判断假如 year 能被 100 整除，并且能被 400 整除，则输出闰年。

第 4 行～第 5 行程序判断假如 year 不能被 100 整除，但能被 4 整除，则输出闰年。

第 6 行～第 7 行程序在前两条判断不满足时才会运行，输出平年。

1.6.2 冒泡算法

冒泡算法也称冒泡排序（Bubble Sort），是一种计算机科学领域较简单的排序算法。它重复地走访要排序的元素列，依次比较两个相邻的元素，如果顺序（如从大到小、首字母从Z到A）错误就把它们交换过来。走访元素的工作是重复地进行，直到没有相邻元素需要交换，也就是说该元素列已经排序完成。

这个算法之所以叫冒泡算法/冒泡排序，是因为越小的元素会经由交换慢慢"浮"到数列的顶端（升序或降序排列），就如同碳酸饮料中二氧化碳的气泡最终会上浮到顶端一样。

新建 bubble_sort.py 写入程序进行练习（图1-66）。

```
array = [2, 5, 3, 7, 10, 8]
for i in range(1, len(array)):
    for j in range(0, len(array)-i):
        if array[j] > array[j+1]:
            array[j], array[j+1] = array[j+1], array[j]
print(array)
```

图 1-66 冒泡算法练习

图1-66中，第1行程序初始化变量 array，将值设置为待排序的列表 [2, 5, 3, 7, 10, 8]。

第2行程序通过 range 方法生成从1到 len(array) 的序列，依次放到变量 i 中，len(array) 表示 array 的长度。

第3行程序通过 range 方法生成从0到 len(array)-1 的序列，依次放到变量 j 中，len(array)-1 表示 array 的长度减1。

第4行~第5行程序判断如果 array 的第 j 个元素比第 j+1 个元素大，则交换元素在 array 中的位置。

第6行程序将排序完成的 array 打印出来。

1.6.3 二分法查找

二分法是一种效率比较高的搜索方法，假设有一个1~100之间的数字，让你来猜这个数是多少，每猜一次可以得到三种回答：正确、大了或小了。如何保证用最少的次数猜对？很多人会想到先猜50，如果猜大了，说明答案比50小，然后猜25……用这种方法，每次都可以将数字的范围缩小一半，对于

1~100 之间的任何数，最多都只需要 7 次就能找到答案。

新建 binary_search.py 文件写入程序进行练习（图 1-67）。

```python
array = [2, 5, 3, 7, 10, 8]
find_data = 3
is_find = False
array.sort()
start, end = 0, len(array)-1
while start <= end:
    mid_index = (start + end) // 2
    if array[mid_index] == find_data:
        is_find = True
    if find_data > array[mid_index]:
        start = mid_index + 1
    else:
        end = mid_index - 1
print(is_find)
```

图 1-67　二分法查找练习

图 1-67 中，第 1 行程序初始化变量 array，将值设置为 [2，5，3，7，10，8]。

第 2 行程序初始化变量 find_data，设置为 3，表示要从 array 里寻找是否有 3 存在。

第 3 行程序初始化变量 is_find，设置为 False，如果从 array 里找到了 3，则设置为 True，表示已经找到。

第 4 行程序将 array 里的数据从低到高进行排序。

第 5 行程序初始化变量 start 与 end，分别设置为 0 与 len(array)-1，len(array)-1 表示 array 长度减 1。

第 6 行程序如果表达式 start<=end 成立，则进行入循环，否则终止循环。

第 7 行程序设置变量 mid_index 等于 start+end 的一半。

第 8 行~第 9 行程序判断 array 中 mid_index 位置的值等于需要寻找的 find_data 值时，将 is_find 设置为 True，表示 find_data 存在于 array 中。

第 10 行~第 11 行程序判断如果要找的值 find_data 大于 array 中 mid_index 位置的值，则将 start 的值设置为 mid_index+1。

第 12 行~第 13 行程序表示如果不满足上述情况，则将 end 的值设置为

mid_index−1。

第 14 行程序表示将 is_find 进行输出，如果输出为 False 则表示 array 中没有找到 find_data，如果输出为 True 则表示 array 中找到了 find_data。

1.6.4 好算法与差算法的差距

要达到同样的目标，好算法与差算法的运行效率差距非常大，本节通过举例生成斐波那契数列的算法进行说明。

斐波那契数列（Fibonacci sequence），又称黄金分割数列，因数学家列昂纳多·斐波那契（Leonardoda Fibonacci）以兔子繁殖为例子而引入，故又称为"兔子数列"，即这样一个数列：1,1,2,3,5,8,13,21,34,…在数学上，斐波那契数列以如下递归的方法定义：$F(1)=1, F(2)=1, F(n)=F(n-1)+F(n-2)(n \geq 2, n \in \mathbf{N}^*)$。

第一种算法采用递归的方法进行编写：

```
def fib(n):
    if n<=2:
        return 1
    return fib(n−1)+fib(n−2)
```

第二种算法采用非递归的方法进行编写：

```
def fib2(n):
    last=1
    now=1
    fibnext=1
    for i in range(n):
        if i<2:
            fibnext=1
        else:
            fibnext=last+now
            last=now
            now=fibnext
    return fibnext
```

使用如下程序代码验证两个方法是否达到同样的目标：

```
for i in range(1,10):
```

```
print(fib(i),fib2(i))
```

结果输出为:

```
1    1
1    1
2    2
3    3
5    5
8    8
13   13
21   21
34   34
```

观察上述程序代码运行的结果,可以确认两个方法都达到了同样的目的。下面编写程序代码测试两个方法的运行效率:

```
start=time.time()
result=fib(35)
print('第一种算法花费%ss,计算结果是一个%s位数字' % (time.time()-start,len(str(result))))


start=time.time()
result=fib2(100000)
print('第二种算法花费%ss,计算结果是一个%s位数字' % (time.time()-start,len(str(result))))
```

结果输出为:

第一种算法花费3.518996238708496s,计算结果是一个7位数字
第二种算法花费1.6570003032684326s,计算结果是一个20899位数字

从上述程序代码的运行结果可以看出,第一种算法用时大约 3.5 秒计算到第 35 个数字,这个数字是一个 7 位数。第二种算法用时大约 1.6 秒,计算到第 100000 个数字,这个数字是一个 20899 位数字,这个数字如果用 A4 纸 5 号字 1 倍行距进行打印,需要差不多 7 页纸。为什么达到同样的目的,这两种算法的运行结果会有那么大的差距呢?这是因为第一种算法的时间复杂度为 $O(2^N)$,第二种算法的时间和空间复杂度都为 $O(N)$。

由此可知,在进行算法编写时一定要注意算法本身是否高效,否则程序将

运行得非常缓慢，甚至不能运行。

1.6.5 小结

从上述例子可以看出，通过变量、判断、循环、数值计算等，加上算法，可以解决很多问题，比如时间计算、排序问题、查找问题等。本书提到的算法都较为简单，只需掌握小学数学知识就可以进行编写。深度学习相关算法则较为复杂，至少要掌握微积分、线性代数、概率论、统计学、高等数学等基本知识才能编写。如果编写医院 HIS 系统，那么必须要对整个医院的管理非常熟悉才行。

1.7 模块化

前面几节介绍了程序的结构以及如何编写程序，本节将介绍如何写出高质量的程序。所谓高质量的程序，是指容易看懂、修改、扩展、复用的程序。前面几节的程序编写，都是建立一个文件，然后在文件中依次往下写，当程序比较简单时这种方式是可行的，但当程序变得复杂时就没法看懂、修改、扩展、复用了。因此，必须采用方法与模块，将程序拆分组织到多个文件中。

1.7.1 方法

方法是封装好的可以直接调用及复用的程序块，比如 print 这个方法就是 Python 创作者封装好的方法，本书会经常调用它。当然也可以封装自己的方法，方便自己与他人调用。

新建 add_module.py 文件，在里面写一个 add 方法，用于将传入的参数进行相加，并且将结果进行输出（图 1-68）。

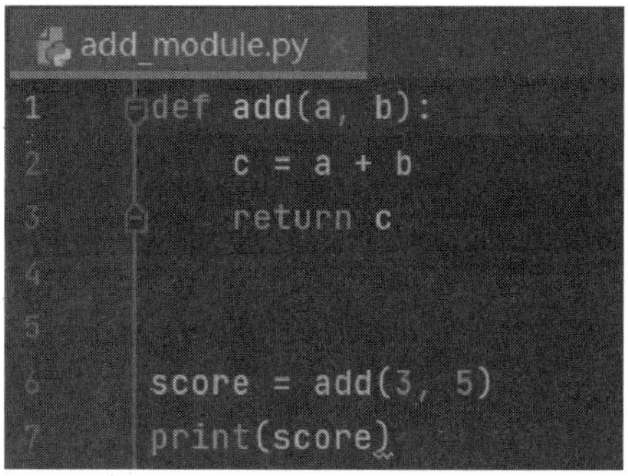

图 1-68 练习如何定义方法

图 1-68 中，第 1 行程序使用关键字 def 说明定义一个方法，add 是方法的名称，小括号内部的 a、b 是两个参数，表示可以传两个参数进来。

第 2 行程序将传进来的 a、b 两个参数进行相加，然后赋值给变量 c。

第 3 行程序用关键字 return 将 a、b 相加的计算结果 c 进行输出，如果不写 return，默认为 return None。

第 6 行程序调用刚刚定义好的 add 方法，将 3、5 两个值作为参数传入 add 方法进行计算，计算后的结果赋值给变量 score。

第 7 行程序将变量 score 的结果进行输出，输出结果为数字 8。

由于 Python 是一种非常灵活的语言，传参的方式有多种，下面分别进行讲解。

1. 按位置传参

图 1-68 中定义方法采用的是按位置传参，顾名思义，传入的参数会按位置将值赋予变量，如图 1-68 所示传入了两个参数，第一个参数是 3，第二个参数是 5，这两个参数的值会按位置分别传给方法中的第一个参数 a、第二个参数 b，从而进入方法体进行处理。

2. 默认传参

对图 1-68 的程序进行改造，使变量 b 的默认值为 5，示例代码如下：

```
def add(a,b=5):
    c=a+b
    return c


score=add(3)
print(score)
```

上述示例代码中,在定义方法时使用"b=5"将参数 b 的默认值设置为 5,即当不传入参数 b 时,b 的值默认为 5。这段示例代码的输出结果为 8。

3. 可变参数传参

对图 1-68 的程序进行改造,加入可变参数 *more,more 前面的星号代表变量,more 代表可变参数,可以传入很多参数形成集合,示例代码如下:

```
def add(a,b,*more):
    c=a+b
    for m in more:
        c=c+m
    return c


score=add(3,5,2,2)
print(score)
```

上述实例代码中,在调用 add 方法时传入了 4 个参数,分别是 3、5、2、2,第一个参数与第二个参数按位置传参,分别传入 a、b,剩下两个参数都传入了 *more 这个可变参数。由于 *more 是可变参数,所以在方法体中,使用 for 循环进行处理。这段示例代码最终的输出结果是 12。

4. 关键字传参

对图 1-68 的程序进行改造,在 add 方法的定义中增加参数 **kw,参数名称 kw 前面的两个星号代表关键字参数,传参时可以使用关键字的方式进行传入。示例代码如下:

```
def add(a,b,**kw):
    c=a+b
    c=c+kw['d']+kw['e']
    return c


score=add(3,5,d=2,e=2)
print(score)
```

上述示例代码在调用 add 方法时传入了四个参数,前两个参数是按照位置参数的方式进行传入的,后两个参数使用关键字的方式传入。通过关键字传入后,kw 参数将以 dictionary 的形式接收关键字传入的数据,在方法体中就可以使用 kw['d']这种访问 dictionary 数据的方式进行数据访问。这段示例代码的输出结果为 12。

5. 组合传参

前面介绍的按位置传参、默认传参、可变参数传参、关键字传参可以组合起来使用。注意，书写参数时要遵循一定的顺序，即位置参数、默认参数、可变参数、关键字参数。示例代码如下：

```python
def add(a,b=5,*more,**kw):
    c=a+b
    for m in more:
        c=c+m
    c=c+kw['d']+kw['e']
    return c


score=add(3,5,3,3,d=2,e=2)
print(score)
```

上述示例代码在调用 add 方法时，第 1 个、第 2 个参数通过按位置传参的方式传入，第 3 个、第 4 个参数使用可变参数传参的方式传入，最后两个参数使用关键字传参的方式传入。这段示例代码最终的输出结果为 18。

1.7.2 lambda 表达式

lambda 是一个匿名方法，即没有方法名的方法。用匿名方法的好处是，因为方法没有名字，不必担心方法名冲突。此外，匿名方法也是一个方法对象，可以把匿名方法赋值给一个变量，再利用变量来调用该方法，让代码变得更简洁。如下代码创建了一个方法 add 及其等价的 lambda 表达式：

```python
def add(a,b):
    return a+b


f=lambda a,b: a+b


print(add(1,2))
print(f(1,2))
```

结果输出为：

3
3

从上述代码可以看出，定义 lambda 表达式，仅需要使用关键字 lambda，然后定义需要传入的参数，最后写上处理参数的逻辑即可。

Python 中定义了 filter、map 等几种全局方法，通过它们可以加强对 lambda 用途的理解，示例代码如下：

```
#定义了变量 data,值为一个 list
data=[1,2,3,4,5,6]

#使用 filter 方法对 data 进行过滤,过滤的方法由 lambda 表达式指定,
# d％2==0为可以被2整除
#结果输出为[2,4,6]
print(list(filter(lambda d: d％2==0,data)))

#使用 map 方法对 data 进行处理,处理方法由 lambda 表达式指定,
# d**2表示将元素 d 平方
#结果输出为[1,4,9,16,25,36]
print(list(map(lambda d: d**2,data)))
```

如果不使用匿名方法 lambda 表达式，使用传统定义方法的方式，代码将变得冗余，示例代码如下：

```
#定义了变量 data,值为一个 list
data=[1,2,3,4,5,6]

#定义有一个 filter_even 方法用于过滤出偶数
def filter_even(d):
    if d％2==0:
        return True
    else:
        return False

#定义一个 square 方法,
def square(d):
    return d ** 2
```

#将 filter_even 方法传入 filter 代替 lambda 表达式
#得到的结果为[2,4,6]
print(list(filter(filter_even,data)))

#将 square 方法传入 map 代替 lambda 表达式
#得到的结果为[1,4,9,16,25,36]
print(list(map(square,data)))

1.7.3 模块

模块以 py 为后缀的文件存放，里面可以放代码段与方法，模块之间可以相互调用。掌握模块的使用后，当遇到复杂代码时可以把代码按功能逻辑拆分到多模块文件内，然后采用模块之间相互协同的方式编写代码，实现程序代码的模块化，方便后期的阅读、修改、扩展、复用。

新建 main_module.py 文件（图 1-69），调用上一节写的 add_module.py 中的 add 方法。

```
from add_module import add

result = add(1, 3)
print(result)
```

图 1-69 引入模块

图 1-69 中，第 1 行程序使用 from add_module import add 语法，即从 add_module 模块导入 add 方法。此外也可以使用 import add_module 语法直接引入 add_module 模块。还可以使用 import add_module as a 的方式引入 add_module，其中 as a 是给 add_module 取个别名 a 的意思。在后续的程序中，可以使用 a 代表 add_module 模块。

第 3 行程序调用从 add_module 导入的 add 方法，传入 1、3 两个参数进行计算，然后将计算结果赋值给 result。

第 4 行程序将 result 的结果进行打印。在这里会发现仅 print 了一次，但是结果却打印了两行，原因是 add_module 里也有 print 方法，当导入 add_module 模块时即运行了一次 print，导致运行 main_module 程序时总共运行了两次 print。这符合本程序的运行结果要求。当只需打印一次结果时，应对 add_module模块进行修改，使导入 add_module 模块时不运行 print。修改的程序如图 1—70 所示。

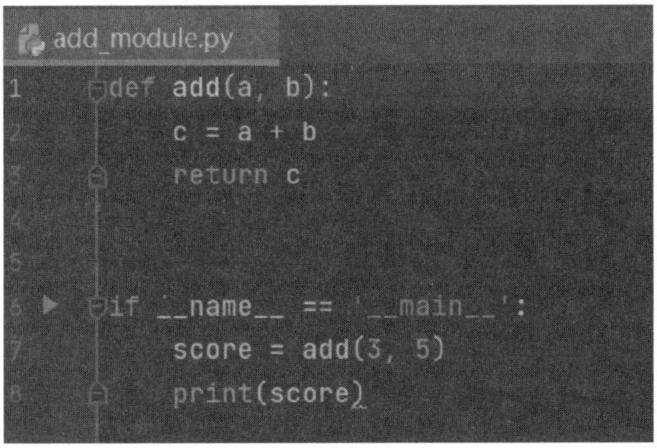
add_module.py
1 def add(a, b):
2 c = a + b
3 return c
4
5
6 if __name__ == '__main__':
7 score = add(3, 5)
8 print(score)

图 1—70 修改 add_module **模块使之在导入时不运行** print

图 1－70 中，对 add_module 模块的修改主要是增加了第 6 行程序，__name__ 属于 Python 中的内置变量，代表模块名称。当直接运行该模块，其值为 __main__，表示当前模块是主模块。当被其他模块导入间接运行时，其值不为 __main__，表示当前模块不是主模块，故在 main_module 导入 add_module 时，add_module 中的 print 不会被运行。

1.7.4 包的概念

包是一个分层次的文件目录结构，定义了一个由模块及子包构成的结构。成为包的文件夹一定包含一个__init__.py 文件，该文件的内容可以为空。包用于组织多个模块最终形成一个完整的复杂的功能体系结构。大部分第三方模块都是以包的形式存在的。如将在本书 2.6 节介绍的第三方包 pandas 的结构如图 1—71 所示，pandas 是最顶级的包，下面的_config、_libs、api、arrays 等为子包，众多的 py 文件是模块。

图 1-71　第三方包 pandas 的结构

1.7.5　第三方包的安装

Python 是开源的，拥有非常活跃的开源社区和很多开源的包，这些模块的代码质量往往较高，可以用于解决很多通用性问题，就像建房子的砖块、模具一样。操作人员利用这些包可以构建出自己的大楼，而不需要自己去做砖块与模具。这节省了大量的时间，大幅度提高了开发效率。操作人员往自己的项目里安装模块的操作非常简单，只要找到需要模块的名称，在 PyCharm 的 Terminal 窗口运行 pip install 命令就可以了。如需要安装用于科学计算的 scipy 模块，仅需运行 pip install scipy；pip uninstall scipy 可用于卸载已安装的 scipy 模块；pip list 命令用于列出目前安装的所有模块。

由于 pip 命令默认使用的数据源在国外，在国内直接使用 pip 进行包安装速度可能非常缓慢，所以通常在使用 pip 命令安装包时使用国内的 pip 镜像。如使用阿里云的 pip 镜像安装第三方包的命令为：pip install-i http://mirrors.aliyun.com/pypi/simple/--trusted-host mirrors.aliyun.com <模块名称>。如安装 python-docx 包可以使用 pip install-i http://mirrors.aliyun.com/pypi/simple/--trusted-host mirrors.aliyun.com python-docx 命令。

1.8 面向对象编程

1.8.1 概念

面向对象编程是一种计算机编程架构，英文为 Object Oriented Programming，简称 OOP。面向对象编程是尽可能模拟人类的思维方式，使得软件的开发方法与过程尽可能接近人类认识世界、解决现实问题的方法和过程，也即使得描述问题的问题空间与问题的解决方案空间在结构上尽可能一致，把客观世界中的实体抽象为问题域中的对象。

(1) OOP 的特性如下：

①封装性，也称信息隐藏，就是将一个类的使用和实现分开，只保留部分接口和方法与外部联系，或者说只公开了一些供开发人员使用的方法。于是开发人员只需要关注这个类如何使用，而不用去关心其具体的实现过程。这样做可以有效避免程序间的相互依赖，实现代码模块间的松耦合。

②继承性，就是子类自动继承其父级类中的属性和方法，并可以添加新的属性和方法，或者对部分属性和方法进行重写。继承增加了代码的可重用性。

③多态性。子类继承了来自父级类中的属性和方法，并对其中部分方法进行重写。于是多个子类中虽然都具有同一个方法，但是这些子类实例化的对象调用这些相同的方法后却可以获得完全不同的结果，这种技术就是多态性。多态性增强了软件的灵活性。

(2) 使用 OOP 的好处如下：

①易维护。采用面向对象思想设计的结构，可读性高，由于继承的存在，即使改变需求，维护也只是在局部模块，所以维护起来是非常方便且成本较低的。

②质量高。在设计时，可重用现有的，在过往项目的领域中已被测试过的类，以使系统满足业务需求并具有较高的质量。

③效率高。在进行软件开发时，根据设计的需要对现实世界的事物进行抽象，产生类。使用这样的方法解决问题，接近于日常生活和自然的思考方式，势必提高软件开发的效率和质量。

④易扩展。由于继承、封装、多态的特性，自然可设计出高内聚、低耦合的系统结构，使得系统更灵活、更容易扩展，而且成本较低。

1.8.2 面向对象相关概念

抽象类（abstract class）：为一组概念上相似的类定义公共方法和属性。抽象类不能被实例化。

类（class）：对象的模板，为该类型的对象定义方法和属性。

超类（supercalss）：也叫父类，其他的类派生自它。包含主要属性的定义，以及所有派生类都将使用（并且可能重载）的方法的定义。

派生类（derived class）：继承某个超类的类。包含超类所有的属性和方法，此外还可以包含其他属性或方法实现。

构造方法（constructor）：使用类的构造方法可以创建该类的对象。

析构方法（destructor）：在对象被销毁时调用的特殊方法。

功能分解（functional decomposition）：一种分析方法，将问题分解成越来越多的小方法。

继承（inheritance）：用于继承父类的属性、方法。

实例（instance）：一个类的一个特定对象，使用构造函数可以创建实例。

实例化（instantiation）：创建某个类的实例的过程。

对象（object）：一个特定的、自包含的容器，其中包含数据和操作这些数据的方法。一个对象的数据对于其他的数据是隐藏的。

属性（attribute）：与一个对象相关联的数据，可以被对象外部访问的称为公共属性，不可以被对象外部访问的称为私有属性。

成员（member）：类的数据和方法。

方法（method）：与对象相关联的函数。

封装（encapsulation）：将大多属性、方法等隐藏到内部，对外仅提供必要的属性、方法。

多态性（polymorphism）：相关的对象按照各自类型实现方法的能力。

1.8.3 Python 中的面向对象

1. 创建类

使用 class 关键字可以创建类，创建一个动物类的示例代码如下：

```
class Animal:

    def __init__(self, name):
        self.name = name

    def shout(self):
        print('animal shout')

    def run(self):
        print('animal run')
```

Animal 是类的名称，必须使用大写字母开头，如果后面还有单词，则每个单词都要使用大写字母开头，如 AnimalOne。

__init__ 方法是构造方法，用于根据类创建对象，参数 self 代表创建的对象本身，name 为传入参数，self.name = name 表示将传入的参数复制给属性 name。shout 方法是类的成员方法。

从面向对象的角度解读这段代码，其创建了一个类 Animal 用于表示动物，在实例化动物时可以设置动物的名称，而且动物有一个"叫"的方法。

在定义好类后，可在类内部设置其他属性：

(1) __dict__：类的属性（包含一个字典，由类的数据属性组成）。

(2) __doc__：类的文档字符串。

(3) __name__：类名。

(4) __module__：类定义所在的模块（类的全名是'__main__.className'，如果类位于一个导入模块 mymod 中，那么 className.__module__ 等于 mymod）。

(5) __bases__：类的所有父类构成元素（包含了一个由所有父类组成的元组）。

2. 创建实例对象

基于上一步创建的类可以实例化具体的对象，示例代码如下：

```python
a=Animal('小花')
print(a.name)
a.shout()
a.run()
```

上述示例代码使用 Animal（'小花'）实例化了一个名字叫作"小花"的对象 a，然后输出了对象 a 的名称，调用了对象 a 的 shout 方法与 run 方法。

由于这段代码使用了面向对象的思想，所以阅读起来与人们的思想非常吻合。如果不使用面向对象的思想，使用如下代码，就会显得比较僵硬：

```python
name='小花'
def shout():
    print('animal shout')
def run():
    print('animal run')
```

3. 类的继承

通过类的继承，可以复用父类的相关属性与方法，同时还可以重写某些需要重写的方法。示例代码如下：

```python
class Dog(Animal):
    def shout(self):
        print('汪汪')


class Cat(Animal):
    def shout(self):
        print('喵喵')


dog=Dog('小汪')
cat=Cat('小喵')
dog.shout()
dog.run()
cat.shout()
cat.run()
```

继承父类通过"子类（父类）"的语法进行申明，在继承后使用相同名称的方法即可重写父类中的方法，父类中没有被重写的方法将被继承。故 dog.shout()将输出"汪汪"，cat.shout()将输出"喵喵"，dog.run()与 cat.run()输出"animal run"。

1.9 异常处理

在第一段程序 Hello World 中已经介绍过异常，如由于语法产生的 SyntaxError 异常，由于被除数为 0 产生的 ZeroDivisionError 异常。异常通常产生于程序运行过程中发生错误时，当发生异常时如果不做处理，程序将停止运行。异常用于通知及提示开发人员或其他程序在程序中有某种不正常的事件发生。除了已经介绍过的上述两种异常，更多的 Python 内置异常见表 1-8。

表 1-8 Python 内置异常

异常名称	描述
BaseException	所有异常的基类
SystemExit	解释器请求退出
KeyboardInterrupt	用户中断执行（通常是输入^C）
Exception	常规错误的基类
StopIteration	迭代器没有更多的值
GeneratorExit	生成器（generator）发生异常来通知退出
StandardError	所有的内建标准异常的基类
ArithmeticError	所有数值计算错误的基类
FloatingPointError	浮点计算错误
OverflowError	数值运算超出最大限制
ZeroDivisionError	除（或取模）零（所有数据类型）
AssertionError	断言语句失败
AttributeError	对象没有这个属性
EOFError	没有内建输入，到达 EOF 标记
EnvironmentError	操作系统错误的基类
IOError	输入/输出操作失败

续表1−8

异常名称	描述
OSError	操作系统错误
WindowsError	系统调用失败
ImportError	导入模块/对象失败
LookupError	无效数据查询的基类
IndexError	序列中没有此索引（index）
KeyError	映射中没有这个键
MemoryError	内存溢出错误（对于 Python 解释器不是致命的）
NameError	未声明/初始化对象（没有属性）
UnboundLocalError	访问未初始化的本地变量
ReferenceError	弱引用（Weak reference）试图访问已经垃圾回收了的对象
RuntimeError	一般的运行时错误
NotImplementedError	尚未实现的方法
SyntaxError	Python 语法错误
IndentationError	缩进错误
TabError	Tab 和空格混用
SystemError	一般的解释器系统错误
TypeError	对类型无效的操作
ValueError	传入无效的参数
UnicodeError	Unicode 相关的错误
UnicodeDecodeError	Unicode 解码时的错误
UnicodeEncodeError	Unicode 编码时错误
UnicodeTranslateError	Unicode 转换时错误
Warning	警告的基类
DeprecationWarning	关于被弃用的特征的警告
FutureWarning	关于构造将来语义会有改变的警告
OverflowWarning	旧的关于自动提升为长整型（long）的警告
PendingDeprecationWarning	关于特性将会被废弃的警告
RuntimeWarning	可疑的运行时行为（runtime behavior）的警告

续表1-8

异常名称	描述
SyntaxWarning	可疑的语法的警告
UserWarning	用户代码生成的警告

异常处理的一般示例代码如下：

try:
  ＜statements＞
except[except]：
  ＜statements＞
finally：
  ＜statements＞

上述示例代码使用try关键字将可能会出现异常的代码块进行包裹，当包裹的代码块发生异常时，将会执行except后匹配异常的代码块，如果except后面不写特定的异常，则except默认捕获所有异常。如果try语句块可能会产生多个异常，则可以用多个except语句块分别进行捕获及处理。finally语句块不管有没有捕获到异常都会被执行，该代码块通常用于释放被占用的资源，如关闭文件。在异常处理中，可以选用finally语句块。

使用异常处理对被除数为0的语句块进行处理的示例代码如下：

try：
  a＝1／0
except ZeroDivisionError：
  print('捕获到被除数为0的异常')

上述示例代码中，使用try控制了a＝1/0表达式被除数为0的异常，当异常产生时会被except ZeroDivisionError捕获，然后打印"捕获到被除数为0的异常"。如果没有采用try进行异常控制，该程序将会向控制台抛出ZeroDivisionError异常并停止运行；但是有了异常控制后，程序仍旧会正常运行，因为这个异常被程序给捕获并且处理了。

除了使用系统内置异常外，还可以使用自定义异常，自定义异常继承于Exception类及其子类。自定义异常的示例代码如下：

class IsNotFoodException(Exception)：
  def __init__(self,msg)：

　　　　self.msg=msg

food='肉'
if food!='植物':
　　raise IsNotFoodException('%s 不是兔子的食物' % food)

　　上述示例代码通过 class 关键字集成 Exception 类，定义了一个名称为 IsNotFoodException 的异常类。然后定义了一个变量 food，对 food 进行判断，如果 food 不等于食物，则使用 raise 关键字抛出自定义的异常。在这段示例代码中没有进行异常的捕获，如果在 PyCharm 中运行将会在控制台产生如图 1-72 所示异常。

```
Traceback (most recent call last):
  File "D:/workspace/kunming_medical_university/2021/monkey/draft.py", line 8, in <module>
    raise IsNotFoodException('%s不是兔子的食物' % food)
__main__.IsNotFoodException: 肉不是兔子的食物

Process finished with exit code 1
```

图 1-72　不做异常捕获，在控制台产生的异常

　　使用如下代码对图 1-72 中的程序进行异常控制及处理，程序将正常运行，控制台将不会产生异常：

try:
　　food='肉'
　　if food!='植物':
　　　　raise IsNotFoodException('%s 不是兔子的食物' % food)
except IsNotFoodException as e:
　　print(e.msg)

　　在使用自定义异常的过程中，应注意禁止使用如下代码：

try:
　　food='肉'
　　if food!='植物':
　　　　raise IsNotFoodException('%s 不是兔子的食物' % food)
except IsNotFoodException as e:
　　pass

　　上述程序代码产生了异常，但是在 except 代码块捕获异常后没有做任何

处理，使用 pass 关键字进行占位，导致整个异常的信息被"吞掉"。编程人员如果不仔细阅读程序，将不会知道程序在这个位置产生了异常。

1.10 文件 I/O

文件 I/O 指的是对文件进行标准输入与输出，即对文件的读写。在读取文件时使用 open 方法，常用的参数有如下四个：

（1）第一个参数是要访问的文件名称的字符串值。

（2）第二个参数是打开文件的模式，包括只读、写入、追加等（详见表 1-9）。这个参数是可选的，默认文件访问模式为只读（r）。

（3）第三个参数为缓冲区大小，如果设为大于 1 的整数，表示缓冲大小为设置的整数大小；如果取负值，表示缓冲大小为系统默认大小。

（4）第四个参数为文件编码，用于控制文件内数据的编码方式。

表 1-9 打开文件的模式

模式	描述
t	文本模式（默认）
x	写模式，新建一个文件，如果该文件已存在则会报错
b	二进制模式
+	打开一个文件进行更新（可读可写）
U	通用换行模式（不推荐）
r	以只读方式打开文件。文件的指针将会放在文件的开头。这是默认模式
rb	以二进制格式打开一个文件用于只读。文件指针将会放在文件的开头。这是默认模式。一般用于非文本文件，如图片等
r+	打开一个文件用于读写。文件指针将会放在文件的开头
rb+	以二进制格式打开一个文件用于读写。文件指针将会放在文件的开头。一般用于非文本文件，如图片等
w	打开一个文件只用于写入。如果该文件已存在则打开文件，并从开头开始编辑，即原有内容会被删除。如果该文件不存在，则创建新文件

续表1-9

模式	描述
wb	以二进制格式打开一个文件只用于写入。如果该文件已存在则打开文件,并从开头开始编辑,即原有内容会被删除。如果该文件不存在,则创建新文件。一般用于非文本文件,如图片等
w+	打开一个文件用于读写。如果该文件已存在则打开文件,并从开头开始编辑,即原有内容会被删除。如果该文件不存在,则创建新文件
wb+	以二进制格式打开一个文件用于读写。如果该文件已存在则打开文件,并从开头开始编辑,即原有内容会被删除。如果该文件不存在,则创建新文件。一般用于非文本文件,如图片等
a	打开一个文件用于追加。如果该文件已存在,文件指针将会放在文件的结尾。也就是说,新的内容将会被写入已有内容之后。如果该文件不存在,则创建新文件进行写入
ab	以二进制格式打开一个文件用于追加。如果该文件已存在,文件指针将会放在文件的结尾。也就是说,新的内容将会被写入已有内容之后。如果该文件不存在,则创建新文件进行写入
a+	打开一个文件用于读写。如果该文件已存在,文件指针将会放在文件的结尾。文件打开时会是追加模式。如果该文件不存在,则创建新文件用于读写
ab+	以二进制格式打开一个文件用于追加。如果该文件已存在,文件指针将会放在文件的结尾。如果该文件不存在,则创建新文件用于读写

在使用 open 方法打开一个文件后,可以获得一个 file 对象,从中能获得关于文件的一些属性(表1-10)。

表1-10 文件的一些属性

属性	描述
closed	如果文件已被关闭则返回 True,否则返回 False
mode	返回被打开文件的访问模式
name	返回文件的名称
softspace	如果用 print 输出,必须跟一个空格符,则返回 False,否则返回 True
encoding	文件的编码

对于使用 open 打开的文件,在操作完成后一定要使用 close 方法进行关闭,否则将导致文件被占用,浪费计算机资源。为了保证 open 打开的文件一定会被关闭,可以使用异常处理的 finally 代码块关闭文件,示例代码如下:

```
try:
    f=open("测试.txt","w",-1,"utf-8")
finally:
    f.close()
```

使用 write 方法将数据写入打开的文件,示例代码如下:

```
#打开一个文件
f=open("测试.txt","w",-1,"utf-8")
f.write("需要写入的数据")

#关闭打开的文件
f.close()
```

上述文件会创建"测试.txt"文件(如果该文件不存在),然后向文件内写入"需要写入的数据",最后关闭这个文件,释放占用的资源。如果双击打开创建好的"测试.txt"文件,能看到文件里有文本"需要写入的数据",说明向文件写入的操作内容成功。

使用 read 方法进行文件的读取,示例代码如下:

```
f=open("测试.txt","r+",-1,"utf-8")
str=f.read()
print(str)

#关闭打开的文件
f.close()
```

上述示例代码打开了"测试.txt"文件,然后调用 read 方法读取文件中的内容进行打印,最后关闭文件,释放占用的资源。

由于读写文件每次都必须使用 close() 方法将文件进行正确的关闭,如果不关闭会造成计算机资源的浪费,甚至导致程序运行错误。故 Python 提供了 with 关键字,用于自动化关闭文件。示例代码如下:

```
with open("测试.txt","w",encoding="utf-8") as f:
    f.write("测试内容")
```

上述示例代码使用 with 关键字将 open 方法打开文件之后的一系列操作做成代码块。但代码块结束时将会自动调用 close 方法关闭打开的文件，从而自动释放占用的资源。

1.11 API 文档的使用

由于 Python 提供了模块+方法的手段用于组织程序，使程序模块化，并不断扩大规模。加上 Python 是一个开源的技术，有许多无私的技术人员参与其中，从而在 Python 的生态中产生了许多非常优秀的通用模块，包括网站开发如 Django、Pyramid、Bottle、Flask 等，桌面开发如 tkInter、PyGObject、PyQt、PySide 等，科学数值计算如 Scipy、Pandas 等，软件开发如 Buildbot、Trac、Roundup 等，系统管理如 Ansible、Salt、OpenStack 等，机器学习如 Sklearn、Keras 等。

这些技术涉及的领域众多，想要记得各种相关模块与方法的使用几乎是不可能的，只能在需要使用时采取查文档的方法进行程序编写。其中最为重要的文档就是 API（Application Programming Interface，应用程序接口）文档。API 是一些预先定义的接口，或指软件系统不同组成部分衔接的约定，向开发人员提供一个功能清单及使用方法，使其无需访问源码或理解内部工作机制的细节就能实现应用程序之间的对接。

下面以 Scipy 的 API 文档使用为例来介绍 API 文档的使用。

Scipy 是一个用于数学、科学、工程领域的常用软件包，包含用于统计学分析的相关模块与方法，可用于代替 R 或 SPSS 对数据进行统计学分析。

想使用 Scipy 或了解 Scipy 的相关功能，可以打开 Scipy 的官方网站，在网站中找到 API 文档（图 1-73），可以看到 Scipy 由很多模块组成，其中 Statistical funciton(scipy.stats)模块可用于统计分析，点击它进入详细的文档（图 1-74），可以看到对这个模块的介绍。下面列出了这个模块提供的所有功能，往下浏览功能模块，可以发现统计分析人员最为熟悉的相关统计学检验方法（图 1-75）。点击 ttest_ind 进入独立样本 t 检验方法，可以看到该检验方法的具体使用说明（图 1-76），往下浏览还可以发现如何使用独立样本 t 检验的案例（图 1-77）。在看完这些资料后，即可基本掌握独立样本 t 检验的使用方法，从而使用 Python 编写独立样本 t 检验的程序对临床样本进行相应统计分析，代替 R 或 SPSS 完成统计分析。

API Reference

The exact API of all functions and classes, as given by the docstrings. The API documents expected types and allowed features for all functions, and all parameters available for the algorithms.

- Clustering package (**scipy.cluster**)
- Constants (**scipy.constants**)
- Discrete Fourier transforms (**scipy.fft**)
- Legacy discrete Fourier transforms (**scipy.fftpack**)
- Integration and ODEs (**scipy.integrate**)
- Interpolation (**scipy.interpolate**)
- Input and output (**scipy.io**)
- Linear algebra (**scipy.linalg**)
- Miscellaneous routines (**scipy.misc**)
- Multidimensional image processing (**scipy.ndimage**)
- Orthogonal distance regression (**scipy.odr**)
- Optimization and root finding (**scipy.optimize**)
- Signal processing (**scipy.signal**)
- Sparse matrices (**scipy.sparse**)
- Sparse linear algebra (**scipy.sparse.linalg**)
- Compressed sparse graph routines (**scipy.sparse.csgraph**)
- Spatial algorithms and data structures (**scipy.spatial**)
- Special functions (**scipy.special**)
- Statistical functions (**scipy.stats**)
- Statistical functions for masked arrays (**scipy.stats.mstats**)
- Low-level callback functions

图 1-73　Scipy 的 API 文档

Statistical functions (scipy.stats)

This module contains a large number of probability distributions as well as a growing library of statistical functions.

Each univariate distribution is an instance of a subclass of **rv_continuous** (**rv_discrete** for discrete distributions):

rv_continuous([momtype, a, b, xtol, ...])	A generic continuous random variable class meant for subclassing.
rv_discrete([a, b, name, badvalue, ...])	A generic discrete random variable class meant for subclassing.
rv_histogram(histogram, *args, **kwargs)	Generates a distribution given by a histogram.

Continuous distributions

alpha(*args, **kwds)	An alpha continuous random variable.
anglit(*args, **kwds)	An anglit continuous random variable.
arcsine(*args, **kwds)	An arcsine continuous random variable.

Table of Contents
- Statistical functions (scipy.stats)
  - Continuous distributions
  - Multivariate distributions
  - Discrete distributions
  - Summary statistics
  - Frequency statistics
  - Correlation functions
  - Statistical tests
  - Transformations
  - Statistical distances
  - Random variate generation

图 1-74　Scipy 用于统计分析的模块

Statistical tests

ttest_1samp(a, popmean[, axis, nan_policy, ...])	Calculate the T-test for the mean of ONE group of scores.
ttest_ind(a, b[, axis, equal_var, ...])	Calculate the T-test for the means of *two independent* samples of scores.
ttest_ind_from_stats(mean1, std1, nobs1, ...)	T-test for means of two independent samples from descriptive statistics.
ttest_rel(a, b[, axis, nan_policy, alternative])	Calculate the t-test on TWO RELATED samples of scores, a and b.
chisquare(f_obs[, f_exp, ddof, axis])	Calculate a one-way chi-square test.
cramervonmises(rvs, cdf[, args])	Perform the Cramér-von Mises test for goodness of fit.
power_divergence(f_obs[, f_exp, ddof, axis, ...])	Cressie-Read power divergence statistic and goodness of fit test.
kstest(rvs, cdf[, args, N, alternative, mode])	Performs the (one sample or two samples) Kolmogorov-Smirnov test for goodness of fit.
ks_1samp(x, cdf[, args, alternative, mode])	Performs the Kolmogorov-Smirnov test for goodness of fit.
ks_2samp(data1, data2[, alternative, mode])	Compute the Kolmogorov-Smirnov statistic on 2 samples.
epps_singleton_2samp(x, y[, t])	Compute the Epps-Singleton (ES) test statistic.
mannwhitneyu(x, y[, use_continuity, alternative])	Compute the Mann-Whitney rank test on samples x and y.
tiecorrect(rankvals)	Tie correction factor for Mann-Whitney U and Kruskal-Wallis H tests.

图 1-75　统计学检验方法

图 1-76　独立样本 t 检验方法的使用说明

图 1-77　独立样本 t 检验的使用案例

1.12　小结

本章介绍了 Python 及其开发工具的安装配置，对数字、字符串、集合、字典等数据的操作，程序运行流程的循环及分支控制，算法的编写，模块化及面向对象的编程，异常处理，文件读写等。但要使用 Python 完成日常工作，还需要更深入的学习，如学习如何使用众多第三方包，如何灵活使用各种数据结构，如何充分利用循环及分支控制。如果想写出质量上乘的程序，那么还需学习设计模式、软件工程等知识；如果要对人工智能类程序进行原创，那么还需学习许多数学知识；如果要与互联网结合，那么还需学习云技术、数据库技术、TCP/IP 协议、Html 等内容。

使用 Python 进行工作的一般流程：首先对问题进行分析；其次寻找一种适合解决该问题的包；再次大部分时间就是查阅该包的 API 文档；最后集合具体业务流程编写相应程序，解决问题。这是最高效的一种做法。如果对于特殊的问题不能找到相应的包，那么就需要自己动手利用变量、数据结构、if 判断、for 循环、方法、模块、包等来组织程序，编写程序包。在程序包编写完成后，可以发扬开源精神，反哺 Python 开源社区，让社区不断壮大，以便帮助到更多人。

第 2 章 相关类库

2.1 OS 操作文件及目录

待提取的数据都以文件的形式存在于计算机的某个目录下面，进行数据提取的第一步是使用程序操作计算机的文件及目录。OS 是 Python 的标准库，不需要安装就能使用。如使用以下程序就能列出计算机 C 盘下的所有内容，并且判断内容是否是目录：

```
#导入 os 模块
import os

#调用 os 模块的 listdir 方法,传入 C 盘的盘符
# listdir 方法将把盘符下面的内容全部给予列出
for f in os.listdir('c:\\'):

    #使用 print 方法将获取到的内容打印出来
    #并使用 os 的 path.isdir 方法判断是否是目录
    print(f,os.path.isdir('c:\\%s' % f))
```

os 模块除了 listdir 与 path.isdir 方法外，还提供创建目录、删除文件等方法，更多常用方法见表 2-1。使用这些相关方法，可以对计算机上的文件及目录进行常规控制，代替鼠标及键盘对文件及目录进行操作。如在计算机中双击一个目录，列出目录下的所有文件，这个操作可以使用 os.listdir('目录名称')进行替代。在工具栏获取当前目录的位置，这个操作可以使用 os.getcwd()进行替代。在计算机上点击右键删除文件，这个操作可以使用 os.remove('文件位置')进行替代。

计算机中所有通过鼠标与键盘的操作,都可以找到相对应的 Python 程序来替代。并且使用 Python 语言编写完程序后,可以对计算机进行更加细致及自动化的控制。理解这一点,是进一步充分使用计算机的前提。

表 2-1 os 模块用于操作文件及目录的常用方法

方法	描述
os.access(path,mode)	检验权限模式
os.chdir(path)	改变当前工作目录
os.chflags(path,flags)	设置路径的标记为数字标记
os.chmod(path,mode)	更改权限
os.chown(path,uid,gid)	更改文件所有者
os.chroot(path)	改变当前进程的根目录
os.close(fd)	关闭文件描述符 fd
os.closerange(fd_low,fd_high)	关闭所有文件描述符,从 fd_low(包含)到 fd_high(不包含),错误会忽略
os.dup(fd)	复制文件描述符 fd
os.dup2(fd,fd2)	将一个文件描述符 fd 复制到另一个 fd2
os.fchdir(fd)	通过文件描述符改变当前工作目录
os.fchmod(fd,mode)	改变一个文件的访问权限,该文件由参数 fd 指定,参数 mode 是 Unix 下的文件访问权限
os.fchown(fd,uid,gid)	修改文件描述符 fd 指定文件的用户 ID 和用户组 ID
os.fdatasync(fd)	强制将文件写入磁盘,该文件由文件描述符 fd 指定,但是不强制更新文件的状态信息
os.fdopen(fd[,mode[,bufsize]])	通过文件描述符 fd 创建一个文件对象,并返回这个文件对象
os.fpathconf(fd,name)	返回一个打开的文件的系统配置信息。name 为检索的系统配置的值,它也许是一个定义系统值的字符串,name 在很多标准中指定(POSIX.1,Unix 95,Unix 98 等)
os.fstat(fd)	返回文件描述符 fd 的状态,像 stat()
os.fstatvfs(fd)	返回包含文件描述符 fd 的文件系统信息
os.fsync(fd)	强制将文件描述符为 fd 的文件写入硬盘

续表2-1

方法	描述
os.ftruncate(fd,length)	裁剪文件描述符 fd 对应的文件，大小由 length 指定
os.getcwd()	返回当前工作目录
os.getcwdu()	返回一个当前工作目录的 Unicode 对象
os.isatty(fd)	如果文件描述符 fd 是打开的，同时与 tty 设备相连，则返回 True，否则返回 False
os.lchflags(path,flags)	设置路径的标记为数字标记，类似 chflags()，但是没有软链接
os.lchmod(path,mode)	修改链接文件权限
os.lchown(path,uid,gid)	更改文件所有者，类似 chown，但是不追踪链接
os.link(src,dst)	创建硬链接，名为参数 dst，指向参数 src
os.listdir(path)	返回 path 指定的文件夹包含的文件或文件夹的名字的列表
os.lseek(fd,pos,how)	设置文件描述符 fd 当前的位置为 pos，以 how 方式修改
os.lstat(path)	同 stat()，但是当命名的文件是一个符号链接时，lstat 返回该符号链接的有关信息，而不是由该符号链接引用文件的信息
os.major(device)	从原始的设备号中提取设备 major 号码（使用 stat 方法返回的 st_dev 或者 st_rdev field)
os.makedev(major,minor)	以 major 和 minor 设备号组成一个原始设备号
os.makedirs(path[,mode])	递归文件夹创建函数
os.minor(device)	从原始的设备号中提取设备 minor 号码（使用 stat 方法返回的 st_dev 或者 st_rdev field）
os.mkdir(path[,mode])	以数字 mode 的 mode 创建一个名为 path 的文件夹。默认的 mode 是 0777（八进制）
os.mkfifo(path[,mode])	创建命名管道，mode 为数字，默认为 0666（八进制）
os.mknod(filename[,mode=0600,device])	创建一个名为 filename 的文件系统节点
os.open(file,flags[,mode])	打开一个文件，并且设置需要的打开选项，mode 参数是可选的

续表2—1

方法	描述
os.openpty()	打开一个新的伪终端。返回 pty 和 tty 的文件描述符
os.pathconf(path,name)	返回相关文件的系统配置信息
os.pipe()	创建一个管道。返回一对文件描述符（r,w），分别为读和写
os.popen(command[,mode[,bufsize]])	从一个 command 打开一个管道
os.read(fd,n)	从文件描述符 fd 中读取最多 n 个字节，返回包含读取字节的字符串；文件描述符 fd 对应文件已达到结尾，返回一个空字符串
os.readlink(path)	返回软链接所指向的文件
os.remove(path)	删除路径为 path 的文件。如果 path 是一个文件夹，将抛出 OSError 异常；查看下面的 rmdir()删除一个 directory
os.removedirs(path)	递归删除目录
os.rename(src,dst)	重命名文件或目录，从 src 到 dst
os.renames(old,new)	递归地对目录进行更名，也可以对文件进行更名
os.rmdir(path)	删除 path 指定的空目录，如果目录非空，则抛出一个 OSError 异常
os.stat(path)	获取 path 指定的路径的信息，功能等同于 C API中的 stat()系统调用
os.stat_float_times([newvalue])	决定 stat_result 是否以 float 对象显示时间戳
os.statvfs(path)	获取指定路径的文件系统统计信息
os.symlink(src,dst)	创建一个软链接
os.tcgetpgrp(fd)	返回与终端 fd（一个由 os.open()返回的打开的文件描述符）关联的进程组
os.tcsetpgrp(fd,pg)	设置与终端 fd（一个由 os.open()返回的打开的文件描述符）关联的进程组为 pg
os.tempnam([dir[,prefix]])	返回唯一的路径名用于创建临时文件
os.tmpfile()	返回一个打开的模式为（w+b）的文件对象。这个文件对象没有文件夹入口，没有文件描述符，将会自动删除
os.tmpnam()	创建一个临时文件，并返回唯一路径

续表2-1

方法	描述
os.ttyname(fd)	返回一个字符串,它表示与文件描述符 fd 关联的终端设备。如果 fd 没有与终端设备关联,则引发一个异常
os.unlink(path)	删除文件路径
os.utime(path,times)	返回指定的 path 文件的访问和修改时间
os.walk(top[,topdown=True[,onerror=None[,followlinks=False]]])	输出整个目录树
os.write(fd,str)	写入字符串到文件描述符 fd 中,返回实际写入的字符串长度
os.path 模块	获取文件的属性信息

2.2 python-docx

python-docx 是 Python 的一个第三方包,专门用于解析微软公司的 docx 文件。其基本原理是:微软公司制定了 docx 格式的标准,python-docx 根据 docx 的标准解析 docx 文件,从而赋予 Python 语言操作 docx 文件的能力。如果不存在 python-docx 这个模块,操作人员也可以阅读微软公司的 docx 格式标准,使用已经掌握的 Python 基础独立实现 python-docx 的功能,但这个过程是非常费时费力的。

2.2.1 安装

python-docx 的安装流程较为简单,只需要先在 PyCharm 的 Terminal 窗口输入 pip install python-docx 命令,然后按键盘上的 enter 键即可。

2.2.2 使用 python-docx 创建 docx 文件

使用 python-docx 创建 docx 文件,与手动在电脑上利用微软公司的 Office 软件创建 docx 文件的操作基本一致,主要的区别在于前者利用鼠标操作 Office 软件创建 docx,后者利用 Python 语言调用 python-docx 模块来创建 docx。

1. 创建一个新的docx文件

在电脑上创建docx文件，在已安装Office软件的前提下，只需要在桌面点击右键→新建docx文档即可。使用python-docx完成这些操作的示例代码如下：

```
#从docx模块导入Document,Document代表文档
from docx import Document

#初始化变量document,初始值设置为Document(),即创建了一个空白的文档,使用
#变量document代表空白文档
document=Document()
```

2. 增加标题

在创建完docx文件后，往文件里写的第一个内容应该是标题。如果是使用Office软件进行操作，只需要输入文字，然后将文字设置为标题即可。标题可以有一级标题、二级标题、三级标题等。使用python-docx完成这些操作的示例代码如下：

```
#调用document的add_heading方法,传入两个参数即可,第一个参数代
#表需要的标题,第二个参数代表标题的等级,可以为1、2、3等,分别代
#表一级标题、二级标题、三级标题
document.add_heading('需要的标题内容',level=1)
```

3. 增加段落

在添加完标题后，就可以开始写内容了。使用Office软件输入的一般性内容成为段落，是构成文章主题的主要元素。使用python-docx完成这些操作的示例代码如下：

```
#初始化变量paragraph,将值设置为段落,段落通过调用ducument的
# add_paragraph方法创建,该方法需要传入段落的文字
#当然,不初始化变量paragraph,只要等号后面创建段落的程序也可以
paragraph=document.add_paragraph('需要的段落文字')
```

4. 增加分页符

当写了一定的段落后，需要进行分页，使用Office软件，只要进行插入→分页符操作就可以完成手动分页。使用python-docx完成这些操作的示

例代码如下：

```
#调用document的add_page_break方法,将在docx文件内插入分页标识
#符,产生分页效果
document.add_page_break()
```

5. 增加表格

在使用Office软件写文档时，经常需要制作表格。制作表格时只需要点击插入→表格→输入所需的行列，就可以完成表格的插入。在插入表格后，可以在表格上点击右键，增加表格的行列，向表格的单元格中输入文字。最后还可以设置表格的样式。使用python-docx完成这些操作的示例代码如下：

```
#初始化变量table,将table的值设置为表格,表格使用document的
# add_table方法生成,出入的参数指定了表格为2行3列
table=document.add_table(2,3)

#初始化变量cells,将cells的值设置为第一行的所有单元格,
#第一行的所有单元格通过使用table的rows[0].cells获取
cells=table.rows[0].cells
cells[0].text='姓名'    # 将第一个单元格的值设置为姓名
cells[1].text='性别'    # 将第二个单元格的值设置为性别
cells[2].text='身高'    # 将第三个单元格的值设置为身高

#同上对第二行的所有单元格依次进行设置
cells=table.rows[1].cells
cells[0].text='张三'
cells[1].text='男'
cells[2].text='170'

#初始化变量row,将row设置为新增的一行单元格,
#新增的一样单元格使用table的add_row()方法获取
row=table.add_row()
row[0].text='李四'    # 将新增单元格的第一个单元格设置为李四
row[1].text='男'      # 将新增单元格的第二个单元格设置为男
row[2].text='173'     # 将新增单元格的第三个单元格设置为173
```

#调用 table 的 style 属性,将表格的样式设置为'主题样式1—强调1'
table.style='主题样式1—强调1'

由上述示例代码可以看到,使用 python-docx 在 docx 文件中增加表格的操作流程与使用 Office 软件是一致的,但是操作比较烦琐。这时可以利用 Python 基础中的集合与循环相关知识将增加表格变得简单,示例代码如下:

```
#准备表格的数据,初始化变量 data,将 data 的值设置为 list 集合,
#在 list 集合内又嵌入了3个 list 集合,每个 list 集合的第一个元素为姓名,
#第二个元素为性别,第三个元素为身高
data=[
    ['张三','男','170'],
    ['李四','男','173'],
    ['王五','男','178']
]


# 添加一个1行3列的表格
table=document.add_table(1,3)


#制作表头
heading_cells=table.rows[0].cells
heading_cells[0].text='姓名'
heading_cells[1].text='性别'
heading_cells[2].text='身高'


#通过 for 循环将 data 中的数据依次添加到表格中
for d in data:    # 每次循环获取 data 中的一行数据
    cells=table.add_row().cells    # 增加一行单元格
    cells[0].text=d[0]    # 设置对应的值
    cells[1].text=d[1]
    cells[2].text=d[2]
```

上述示例代码虽然比原来简单一些了,但是在通用性方面仍不够好。为此引入 Python 基础知识中的"方法"对其进行封装,增加通用性。示例代码如下:

```
def create_table_head(table,head):
```

```python
        """为表格创建表头"""
        for i,h in enumerate(head):
            table.rows[0].cells[i].text=h
        return table


def create_table(head,data):
    """创建表格"""
    document=Document()
    table=document.add_table(1,len(head))
    table=create_table_head(table,head)
    for d in data:
        cells=table.add_row().cells
        for i,dd in enumerate(d):
            cells[i].text=dd
    return table

if __name__=='__main__':
    head=['姓名','性别','身高']
    data=[
    ['张三','男','170'],
    ['李四','男','173'],
    ['王五','男','178']
    ]
    create_table(head,data)
```

上述示例代码定义了两个方法：一个为 create_table_head，用于为表格创建表头；另一个为 create_table，用于创建表格。从程序中可以看出，create_table 调用了 create_table_head。有了 create_table 方法后，就可以形成代码复用，便于以后创建表格。只需要像"if__name__=='__main__'"段的程序一样，定义变量 head 包含表头的信息，如姓名、性别、身高；定义变量 data 包含表格的数据，如程序示例中包含了三个人的信息；最后调用写好的创建表格方法 create_table 将表头与表格数据传入就完成了。create_table 方法屏蔽了 python－docx 创建表格的细节，让操作人员可以专注于数据处理。

在上述示例代码中有一个新的方法——enumerate()。enumerate()方法用于将一个可遍历的数据对象（如列表、元组或字符串）组合为一个索引序列，同时列出数据和数据下标,一般用在 for 循环中。

6. 增加图片

在 Office 软件中,使用插入→图片→选择本地文件夹中的图片,即可向 docx 文件中插入图片,通过图片工具可以改变图片的大小,或者直接拖动图片边缘的控制点以改变图片的大小。使用 python-docx 实现增加图片的示例代码如下:

```
#从 docx.shared 模块导入 Inches 方法
from docx.shared import Inches
#调用 document 的 add_piture 方法,传入图片地址和宽度,
#如果不传入图片宽度则为原始图片大小
document.add_picture('图片地址.png',width=Inches(1.0))
```

7. 设置段落格式

在 Office 软件中,可以将段落设置为有序列表、无序列表等段落样式。使用 python-docx 也可以做到,示例代码如下:

```
#调用 document 的 add_paragraph 方法传入段落的内容及段落的样式
document.add_paragraph('这是有序列表',style='List Number')
```

或者使用如下程序代码也能达到同样的效果:

```
#定义变量 paragrap,将值设置为段落,
#段落通过调用 document 的 add_paragraph 创建
paragraph=document.add_paragraph('这是有序列表')
#设置 paragraph 的 style 属性,将段落的样式设置为有序列表
paragraph.style='List Number'
```

8. 设置粗体与斜体

在 Office 软件中,选中段落中的特定文字,在工具栏中选择粗体或斜体即可将选中的文字设置为粗体或斜体,在 python-docx 中使用如下程序代码可以达到同样的效果:

```
#定义变量 paragraph
paragraph=document.add_paragraph()
#调用 paragraph 的 add_run 方法向段落增加一些文字
paragraph.add_run('你的名字叫')
#调用 add_run 方法增加一些文字后,设置这些文字的 bold 属性为 True
```

```
paragraph.add_run('张三').bold=True
paragraph.add_run('吗?')
```

运行上述程序代码后,将会得到含有加粗字体的文本,如"你的名字叫**张三**吗?"

9. 保存文件

在 Office 软件中,待 docx 文件编辑完成之后,可以在菜单中点击文件→保存→填写文件的名称→点击确定完成文件的保存。在 python-docx 中可以使用如下程序代码实现相同的操作:

```
#调用 document 的 save 方法传入文件的保存路径
document.save('文件名称.docx')
```

10. 小结

上述主要操作可以完成 docx 文件的创建。可以发现,创建一个 docx 文件,主要是向 docx 文件中添加标题、段落、分页符、表格、图片及设置样式等。这些操作可以通过 Office 软件的可视化方式实现,也可以通过 python-docx 编程的方式实现。对于计算机而言,通过底层程序进行操作,会将 Office 软件的可视化操作或 python-docx 编程的操作转化成微软公司定义的底层程序,如此才能生成 docx 文件。对于一般用户而言,直接操作 Office 软件编辑 Word 比较方便,但是要实现自动化 docx 文件的操作,还得靠 python-docx 编程的方式才能实现。

2.2.3 从 docx 文件中提取数据

使用 Office 软件提取 docx 文件的内容,只需要在本地磁盘上找到需要的 docx 文件,然后双击打开文件就可以提取 docx 文件的内容。使用 python-docx 同样可以方便地将 docx 文件的内容进行提取。使用 python-docx 提取文件,关键在于提取 docx 文件中的段落与表格。

1. 段落提取

docx 文件中存在很多段落,通过 python-docx 进行段落提取,提取到的一定是段落集合,示例代码如下:

```
#初始化变量 content 并设置为空字符串,
#用于收集从 docx 文件中提取的段落文本信息
content=''
```

#调用 document 的 paragraphs 属性读取 docx 文档中的所有段落信息,
#并对循环遍历提取到的所有段落
for p in document.paragraphs:
    #如果段落中存在文本信息,则进入 if 代码块
    if p.text:
        #将段落的文本信息去两头去空后添加到 content 中
        content=content+p.text.strip()+'\n'

执行上述示例代码,可以将 docx 文件中所有不为空的段落都添加到 content 变量中,后期可以利用正则表达式或字符串解析从 content 中提取需要的数据。在这段程序中,strip()方法的作用是将段落两头的空格去掉;'\n'代表的是换行符,用于分割段落。

2. 表格提取

docx 文件中存在很多表格,通过 python-docx 进行表格提取,提取到的一定是表格集合。每个表格由许多单元格组成,文本位于单元格内,所以在提取表格后要对每个表格进行解析,将单元格中的数据解析出来。例如,对表头为姓名、性别、身高的表格进行提取并解析,示例代码如下:

#调用 document 的 tables 方法获取 docx 文件中的所有表格
#并对表格进行遍历
for t in document.tables:
    #调用表格 t 的 rows 方法获取表格的所有行,并进行遍历
    for r in t.rows:
        #调用行 r 的 cells 方法获取该行的所有单元格,并进行遍历
        for c in r.cells:
            #将单元格中的文本数据使用 print 方法进行打印
            print(c.text)

通过上述示例代码,即可提取 docx 文件中的所有表格,并且对表格中的数据进行遍历。只要在遍历的过程中加入解析逻辑,即可提取表格中的生化指标等数据。

2.3 openpyxl

在进行临床数据分析时,需要将提取的数据放置到 Excel 表格中,想要对

Excel 数据进行高效操作（类似 python-docx 包一样），需要一个可以对 Excel 文件进行操作的包，如 openpyxl。

2.3.1 安装

openpyxl 的安装操作非常简单，只需要在 PyCharm 的 Terminal 窗口输入 pip install openpyxl 后按键盘上的 enter 键即可。

2.3.2 创建表

计算机上安装有 Office 软件，只需要在桌面上点击右键→新建→xlsx 工作表→输入文件的名称就可以创建一个 Excel 表格。表格中有多个 sheet，可以选中其中的某个 sheet 编辑数据，也可以增加或删除 sheet。使用 openpyxl 也可以创建表，示例代码如下：

```
#从 openpyxl 导入 workbook 模块
from openpyxl import Workbook
#初始化变量 wb,将值设置为 Excel 表格 Workbook()
wb=Workbook()
#激活第一张 sheet
ws=wb.active
#新增 sheet 且名字为 Mysheet
ws=wb.create_sheet("Mysheet")
#通过 sheet 的名称选中刚刚新增的 sheet
ws=wb["Mysheet"]
#使用 print 方法输出 Excel 表格中的所有 sheet 的名称
print(wb.sheetnames)
#调用 wb 的 save 方法将创建好的 Excel 表进行保存,保存到"表格名称.xlsx"
wb.save('表格名称.xlsx')
```

2.3.3 Excel 表中数据的设置与访问

用 Office 软件打开 Excel，可以看到单元格按大写字母标识列的位置，用阿拉伯数字标识行的位置，如第 1 行第 1 列标识为 A1，第 1 行第 4 列标识为 D1。用 Office 软件设置 Excel 中的数据，只需设置特定标识位置单元格的数据就可以了。使用 openpyxl 设置数据，原理相同，示例代码如下：

```
#使用 print 方法打印 A1 位置单元格中的数据
```

```python
print(ws['A1'])
# 使用 print 方法打印 D1 位置单元格中的数据
print(ws['D1'])

# 将 A1、B1、C1 三个单元格中的数据分别设置为姓名、性别、身高
# 相当于设置表头
ws['A1'] = '姓名'
ws['B1'] = '性别'
ws['C1'] = '身高'

# 将 A2、B2、C2 三个单元格中的数据分别设置为张三、男、170
# 相当于设置了表格的内容
ws['A2'] = '张三'
ws['B2'] = '男'
ws['C2'] = '170'
```

与 Office 软件操作 Excel 文件类似,openpyxl 也可以对单元格进行批量操作,示例代码如下:

```python
# 选择 A1 单元格到 C2 单元格的数据
cell_range = ws['A1':'C2']

# 选择 C 列整列数据
colC = ws['C']

# 选择 C 列到 D 列全部数据
col_range = ws['C:D']

# 选择第 10 行数据
row10 = ws[10]

# 选择 5 到 10 行数据
row_range = ws[5:10]

# 按行遍历所有单元格
for row in ws.iter_rows(min_row=1, max_col=3, max_row=2):
```

```
    for cell in row:
        print(cell)
```

♯按列遍历所有单元格
```
for col in ws.iter_cols(min_row=1,max_col=3,max_row=2):
    for cell in col:
        print(cell)
```

对于已经存在的 Excel 文件，Office 软件是采取在本地硬盘上找到该文件，然后双击打开。使用 openpyxl 打开 Excel 文件是使用如下程序代码进行的：

♯从 openpyxl 中导入 load_workbook 方法
```
from openpyxl import load_workbook
```
♯使用 load_workbook 打开文件地址为"表格名称.xlsx"的 excel 文件
```
wb=load_workbook(filename='表格名称.xlsx')
```

2.3.4 小结

当学会使用 python-docx 操作 docx 文件，使用 openpyxl 操作 Excel 文件之后，我们就可以从 docx 文件提取信息，并且将信息转换到 Excel 文件，以此替代人工逐一打开每个 docx 文件进行数据提取，逐一将数据粘贴到 Excel 文件中，从而自动化地完成 docx 数据到 Excel 数据的转换。

2.4 正则表达式

正则表达式（Regular Expression）是一种对文本的模式匹配，由普通字符（例如，a 到 z 之间的字母、0 到 9 之间的数字、中文等）和特殊字符（元字符）构成，用于检测目标文本是否满足某种文本模式，或者从目标文本提取特定的文本数据。想将这些特性运用于临床数据提取，只要编写相应的文本模式规则，就可以实现大多数临床数据的提取。例如有目标字符串"年龄:12,性别:男,身高:170"，需要从中提取年龄、性别、身高，可以使用正则表达式"年龄:([0-9]+),性别:(.),身高:([0-9]+)"进行相应的数据提取。其中，"[0-9]+"表示 1 个或多个数字，"."表示一个字符，"()"表示需要提取文本占位，连起来解读为：年龄冒号后面的一个或多个数字为年龄，性别冒号后面的一个字符为性别，身高冒号后面的一个或多个数字为身高。

2.4.1 特殊字符（元字符）

正则表达式的精髓在于构建了许多元字符用于模式匹配文本的各种情况，只有掌握正则表达式的元字符才能掌握正则表达式。正则表达式元字符的描述见表 2-2。

表 2-2 正则表达式元字符的描述

元字符	描述
\	将下一个字符标记为一个特殊字符，或一个原义字符，或一个向后引用，或一个八进制转义符。例如，'n'匹配字符"n"。'\n'匹配一个换行符。序列'\\'匹配"\"，而"\("则匹配"("
^	匹配输入字符串的开始位置，如果出现在方括号内则表示排除方括号内字符的意思。例如，^abc 表示以 abc 开头的文本，[^abc] 表示排除文本 a 或 b 或 c
$	匹配输入字符串的结束位置。例如，abc$ 能匹配以 abc 结尾的文本
*	匹配前面的子表达式零次或多次。例如，zo*能匹配"z"以及"zoo"，*等价于{0,}
+	匹配前面的子表达式一次或多次。例如，'zo+'能匹配"zo"以及"zoo"，但不能匹配"z"。+等价于{1,}
?	匹配前面的子表达式零次或一次。例如，"do(es)?"能匹配"do"或"does"。?等价于{0,1}
{n}	n 是一个非负整数。匹配确定的 n 次。例如，'o{2}'不能匹配"Bob"中的'o'，但是能匹配"food"中的两个 o
{n,}	n 是一个非负整数。至少匹配 n 次。例如，'o{2,}'不能匹配"Bob"中的'o'，但能匹配"fooooood"中的所有 o。'o{1,}'等价于'o+'。'o{0,}'则等价于'o*'
{n,m}	m 和 n 均为非负整数，其中 n<=m。最少匹配 n 次且最多匹配 m 次。例如，"o{1,3}"将匹配"fooooood"中的前三个 o。'o{0,1}'等价于'o?'。请注意在逗号和两个数之间不能有空格
?	当该字符紧跟在任何一个其他限制符(*,+,?,{n},{n,},{n,m})后面时，匹配模式是非贪婪的。非贪婪模式下，尽可能少地匹配所搜索的字符串，而默认的贪婪模式则尽可能多地匹配所搜索的字符串。例如，对于字符串"oooo"，'o+?'将匹配单个"o"，而'o+'将匹配所有'o'
.	匹配除换行符(\n,\r)之外的任何单个字符。要匹配包括'\n'在内的任何字符，请使用像"(.|\n)"这样的模式

续表2-2

元字符	描述
(pattern)	匹配 pattern 并获取这一匹配。所获取的匹配可以从产生的 Matches 集合得到，在 VBScript 中使用 SubMatches 集合，在 JScript 中则使用 $0…$9 属性。要匹配圆括号字符，请使用'\('或'\)'
(?:pattern)	匹配 pattern 但不获取匹配结果，也就是说，这是一个非获取匹配，不进行存储供以后使用。这在使用"或"字符（|）来组合一个模式的各个部分时是很有用的。例如，'industr(?:y|ies)就是一个比'industry | industries'更简略的表达式
(?=pattern)	正向肯定预查（look ahead positive assert），在任何匹配 pattern 的字符串开始处匹配查找字符串。这是一个非获取匹配，也就是说，该匹配不需要获取供以后使用。例如，"Windows(?=95|98|NT|2000)"能匹配"Windows2000"中的"Windows"，但不能匹配"Windows3.1"中的"Windows"。预查不消耗字符，也就是说，在一个匹配发生后，在最后一次匹配之后立即开始下一次匹配的搜索，而不是从包含预查的字符之后开始
(?!pattern)	正向否定预查（negative assert），在任何不匹配 pattern 的字符串开始处匹配查找字符串。这是一个非获取匹配，也就是说，该匹配不需要获取供以后使用。例如，"Windows(?!95|98|NT|2000)"能匹配"Windows3.1"中的"Windows"，但不能匹配"Windows2000"中的"Windows"。预查不消耗字符，也就是说，在一个匹配发生后，在最后一次匹配之后立即开始下一次匹配的搜索，而不是从包含预查的字符之后开始
(?<=pattern)	反向（look behind）肯定预查，与正向肯定预查类似，只是方向相反。例如，"(?<=95|98|NT|2000)Windows"能匹配"2000Windows"中的"Windows"，但不能匹配"3.1Windows"中的"Windows"。
(?<!pattern)	反向否定预查，与正向否定预查类似，只是方向相反。例如，"(?<!95|98|NT|2000)Windows"能匹配"3.1Windows"中的"Windows"，但不能匹配"2000Windows"中的"Windows"
x|y	匹配 x 或 y。例如，'z|food'能匹配"z"或"food"。'(z|f)ood'则匹配"zood"或"food"
[xyz]	字符集合。匹配所包含的任意一个字符。例如，'[abc]'可以匹配"plain"中的'a'
[^xyz]	负值字符集合。匹配未包含的任意字符。例如，'[^abc]'可以匹配"plain"中的'p'、'l'、'i'、'n'
[a-z]	字符范围。匹配指定范围内的任意字符。例如，'[a-z]'可以匹配'a'到'z'范围内的任意小写字母字符
[^a-z]	负值字符范围。匹配任何不在指定范围内的任意字符。例如，'[^a-z]'可以匹配任何不在'a'到'z'范围内的任意字符

续表2-2

元字符	描述
\b	匹配一个单词边界，也就是指单词和空格间的位置。例如，'er\b'可以匹配"never"中的'er'，但不能匹配"verb"中的'er'
\B	匹配非单词边界。'er\B'能匹配"verb"中的'er'，但不能匹配"never"中的'er'
\cx	匹配由 x 指明的控制字符。例如，\cM 匹配一个 Control-M 或回车符。x 的值必须为 A-Z 或 a-z 之一。否则，将 c 视为一个原义的'c'字符
\d	匹配一个数字字符。等价于[0-9]
\D	匹配一个非数字字符。等价于[^0-9]
\f	匹配一个换页符。等价于\x0c 和\cL
\n	匹配一个换行符。等价于\x0a 和\cJ
\r	匹配一个回车符。等价于\x0d 和\cM
\s	匹配任何空白字符，包括空格、制表符、换页符等。等价于[\f\n\r\t\v]
\S	匹配任何非空白字符。等价于[^\f\n\r\t\v]
\t	匹配一个制表符。等价于\x09 和\cI
\v	匹配一个垂直制表符。等价于\x0b 和\cK
\w	匹配字母、数字、下划线。等价于'[A-Za-z0-9_]'。
\W	匹配非字母、数字、下划线。等价于'[^A-Za-z0-9_]'
\xn	匹配 n，其中 n 为十六进制转义值。十六进制转义值必须为确定的两个数字长。例如，'\x41'匹配"A"。'\x041'则等价于'\x04' & "1"。正则表达式中可以使用 ASCII 编码
\num	匹配 num，其中 num 是一个正整数。对所获取的匹配的引用。例如，'(.)\1'匹配两个连续的相同字符
\n	标识一个八进制转义值或一个向后引用。如果\n 之前至少有 n 个获得子表达式，则 n 为向后引用。否则，如果 n 为八进制数字（0-7），则 n 为一个八进制转义值
\nm	标识一个八进制转义值或一个向后引用。如果\nm 之前至少有 nm 个获得子表达式，则 nm 为向后引用。如果\nm 之前至少有 n 个获取，则 n 为一个后跟文字 m 的向后引用。如果前面的条件都不满足，若 n 和 m 均为八进制数字（0-7），则\nm 将匹配八进制转义值 nm
\nml	如果 n 为八进制数字（0~3），且 m 和 l 均为八进制数字（0~7），则匹配八进制转义值 nml

续表2-2

元字符	描述
\un	匹配 n，其中 n 是一个用四个十六进制数字表示的 Unicode 字符。例如，\u00A9 匹配版权符号(?)

2.4.2 常用正则表达式

在掌握上节的正则表达式元字符后，即可使用这些元字符加普通字符构成识别各种文本模式的正则表达式了。常用的正则表达式如下所述。

1. 校验数字的表达式

数字：^[0-9]*$

n 位的数字：^\d{n}$

至少 n 位的数字：^\d{n,}$

$m\sim n$ 位的数字：^\d{m,n}$

零和非零开头的数字：^(0|[1-9][0-9]*)$

非零开头的最多带两位小数的数字：^([1-9][0-9]*)+(.[0-9]{1,2})?$

带 1~2 位小数的正数或负数：^(\-)?\d+(\.\d{1,2})?$

正数、负数、和小数：^(\-|\+)?\d+(\.\d+)?$

有两位小数的正实数：^[0-9]+(.[0-9]{2})?$

有 1~3 位小数的正实数：^[0-9]+(.[0-9]{1,3})?$

非零的正整数：^[1-9]\d*$ 或 ^([1-9][0-9]*){1,3}$ 或 ^\+?[1-9][0-9]*$

非零的负整数：\-[1-9][]0-9"*$ 或 ^-[1-9]\d*$

非负整数：\d+$ 或 ^[1-9]\d*|0$

非正整数：^-[1-9]\d*|0$ 或 ^((-\d+)|(0+))$

非负浮点数：\d+(\.\d+)?$ 或 ^[1-9]\d*\.\d*|0\.\d*[1-9]\d*|0?\.0+|0$

非正浮点数：^((-\d+(\.\d+)?)|(0+(\.0+)?))$ 或 ^(-([1-9]\d*\.\d*|0\.\d*[1-9]\d*))|0?\.0+|0$

正浮点数：^[1-9]\d*\.\d*|0\.\d*[1-9]\d*$ 或 ^(([0-9]+\.[0-9]*[1-9][0-9]*)|([0-9]*[1-9][0-9]*\.[0-9]+)|([0-9]*[1-9][0-9]*))$

负浮点数：^-([1-9]\d*\.\d*|0\.\d*[1-9]\d*)$ 或 ^(-(([0-9]+\.[0-9]*[1-9][0-9]*)|([0-9]*[1-9][0-9]*\.[0-9]+)|([0-9]*[1-9][0-9]*)))$

浮点数：^(-?\d+)(\.\d+)?$ 或 ^-?([1-9]\d*\.\d*|0\.\d*[1-9]\d*|0?\.0+|0)$

2. 校验字符的表达式

汉字：^[\u4e00-\u9fa5]{0,}$

英文和数字：^[A-Za-z0-9]+$ 或 ^[A-Za-z0-9]{4,40}$

长度为 3~20 的所有字符：^.{3,20}$

由 26 个英文字母组成的字符串：^[A-Za-z]+$

由 26 个大写英文字母组成的字符串：^[A-Z]+$

由 26 个小写英文字母组成的字符串：^[a-z]+$

由数字和 26 个英文字母组成的字符串：^[A-Za-z0-9]+$

由数字、26 个英文字母或者下划线组成的字符串：^\w+$ 或 ^\w{3,20}$

中文、英文、数字包括下划线：^[\u4E00-\u9FA5A-Za-z0-9_]+$

中文、英文、数字但不包括下划线等符号：^[\u4E00-\u9FA5A-Za-z0-9]+$ 或 ^[\u4E00-\u9FA5A-Za-z0-9]{2,20}$

可以输入含有^%&',;=?$\"等的字符：[^%&',;=?$\x22]+

禁止输入含有~的字符：[^~\x22]+

3. 特殊需求表达式

E-mail 地址：\w+([-+.]\w+)*@\w+([-.]\w+)*\.\w+([-.]\w+)*$

域名：[a-zA-Z0-9][-a-zA-Z0-9]{0,62}(/\.[a-zA-Z0-9][-a-zA-Z0-9]{0,62})+/.?

InternetURL：[a-zA-z]+://[^\s]* 或 ^http://([\w-]+\.)+[\w-]+(/[\w-./?%&=]*)?$

手机号码：^(13[0-9]|14[5|7]|15[0|1|2|3|5|6|7|8|9]|18[0|1|2|3|5|6|7|8|9])\d{8}$

电话号码（"XXX-XXXXXXX"、"XXXX-XXXXXXXX"、"XXX-XXXXXXX"、"XXX-XXXXXXXX"、"XXXXXXX"和"XXXXXXXX"）：^($$\d{3,4}-)|\d{3.4}-)?\d{7,8}$

国内电话号码（0511-4405222、021-87888822）：\d{3}-\d{8}|\d{4}-\d{7}

身份证号（15 位、18 位数字）：^\d{15}|\d{18}$

短身份证号码（数字、字母 x 结尾）：^([0-9]){7,18}(x|X)?$ 或 ^\d{8,18}|[0-9x]{8,18}|[0-9X]{8,18}?$

账号是否合法（字母开头，允许 5~16 字节，允许字母数字下划线）：^[a-zA-Z][a-zA-Z0-9_]{4,15}$

密码（以字母开头，长度在 6~18 之间，只能包含字母、数字和下划线）：^[a-zA-Z]\w{5,17}$

强密码（必须包含大小写字母和数字的组合，不能使用特殊字符，长度在 8~10 之间）：^(?=.*\d)(?=.*[a-z])(?=.*[A-Z]).{8,10}$

日期格式：\d{4}-\d{1,2}-\d{1,2}

一年的 12 个月（01~09 和 1~12）：^(0?[1-9]|1[0-2])$

一个月的 31 天（01~09 和 1~31）：^((0?[1-9])|((1|2)[0-9])|30|31)$

2.4.3 通过 Python 使用正则表达式

前两节学习的只是正则表达式的规范，要在程序中使用正则表达式，必须使用相应的编程语言。Python 语言使用 re 模块实现正则表达式的规范，re 模块是 Python 的标准模块，不需要单独安装即可使用。

re 模块通过以下一些方法来构建正则表达式。

1. match

match 尝试从字符串的起始位置匹配一个模式，如果匹配成功则返回匹配的内容，否则返回 None。对匹配成功的内容可以调用 group 方法传入整型获取特定分组内容，或者使用 groups 方法获取所有匹配的分组内容。

match 方法可接收的 3 个参数如下：

（1）第一个参数是正则表达式；

（2）第二个参数是文本；

（3）第三个参数是标志位（见表 2-3），用于控制正则表达式的匹配方式。

表 2-3 标志位

修饰符	描述
re.I	使匹配对大小写不敏感
re.L	做本地化识别（locale-aware）匹配
re.M	多行匹配，影响^和$
re.S	匹配包括换行在内的所有字符
re.U	根据 Unicode 字符集解析字符。这个标志影响\w、\W、\b、\B

用 match 提取数据的示例代码如下：

```
#定义待匹配的目标文本
text='年龄:12,性别:男,身高:170'

#调用 re 的 match 方法,传入正则表达式与需要进行匹配的目标文本
result=re.match('年龄:([0-9]+),性别:(.),身高:([0-9]+)',text)

#获取匹配的第一个分组内容并打印,结果将打印出"12"
print(result.group(1))

#获取匹配的所有分组并打印,结果将打印"(12,男,170)"
print(result.groups())
```

用 match 判断给定的文本是否是日期格式的示例代码如下：

```
#定义带匹配的目标文本
text='2021-5-10'
#如果目标文本能与正则表达式匹配上,
#则打印"是日期格式",
#否则打印"不是日期格式"
if re.match('^\d{4}-\d{1,2}-\d{1,2}$',text):
    print('是日期格式')
else:
    print('不是日期格式')
```

2. search

search 扫描整个字符串并返回第一个成功的匹配,其余方面与 match 相同。

用 search 提取数据的示例代码如下：

```
#定义等待匹配的文本
text='年龄:12,性别:男,身高:170'

#使用 match 进行匹配,因为是从字符串的起始位置,
#所以不能匹配上,打印 None
print(re.match('性别:(.)',text))
```

＃使用 search 进行匹配,因为是扫描整个字符串,
＃所以能匹配上,将性别进行打印
print(re.search('性别:(.)', text))

3. sub

sub 使用正则表达式对目标文本中的内容进行替换。sub 方法可接收四个参数如下：

(1) 第一个参数是正则表达式；
(2) 第二个参数是替换的文本；
(3) 第三个参数是等待查找替换的目标文本；
(4) 第四个参数是替换的最大次数,默认 0 表示替换所有的匹配。

使用 sub 对文本进行查找替换的示例代码如下：

＃定义等待查找替换的目标文本
text='年龄:12,性别－男,身高－－170'

＃调用 re 模块的 sub 方法将一个或多个"－"号替换为冒号":"
＃结果将输出"年龄:12,性别:男,身高:170"
print(re.sub('\－+',':', text))

4. findall

findall 用于在字符串中找到正则表达式所匹配的所有子串,并返回一个列表；如果没有找到匹配的子串,则返回空列表。findall 接收的参数与 search 相同。

用 findall 提取数据的示例代码如下：

＃定义一段文本
text='第一个1,第二个2'

＃使用 search 在文本中查找数字,结果只找到了第一个数字"1"
print(re.search('\d', text))

＃使用 findall 在文本中查找数据,结果"1"和"2"两个数字都被找到了
print(re.findall('\d', text))

5. split

split 按照能够匹配的子串将字符串分割并返回列表。split 方法可接收 4

个参数如下：

(1) 第一个参数是匹配的正则表达式；

(2) 第二个参数是匹配的字符串；

(3) 第三个参数是分隔次数，默认为 0，不限制次数；

(4) 第四个参数是标志位，用于控制正则表达式的匹配方式。

使用 split 将一段文本进行分割的示例代码如下：

```
#定义一段文本
text='第一个分割标识1,第二个分割标识2!'

#使用正则表达式按数字对文本进行分割，
#结果返回"['第一个分割标识',',','第二个分割标识','!']"
#文本被数字分割为了3个部分
print(re.split('\d',text))
```

6. 标志位

标志位用于控制正则表达式的匹配方式。

re.M 用法举例，如下程序代码使用 findadll 方法查找字符串中数字开头的字符串：

```
import re

m1=re.findall('^\d+.*','123a\n456b')
m2=re.findall('^\d+.*','123a\n456b',re.M)
print(m1)
print(m2)
```

结果输出为：

['123a']

['123a','456b']

由上述程序代码可知，不适用 re.M 标识的查找方法将字符串当作统一的整体处理，所以只能查找到'123a'。而使用 re.M 标识的查找方法将字符串当作两行来处理（\n 是换行符的意思），所以找到了'123a'与'456b'两个字符串。

2.5 numpy

numpy 是科学计算方面的基础包，为 Python 提供多维数组计算的能力，包括数学、逻辑、形状操作、排序、选择、I/O、离散傅里叶变换、基本线性代数、基本统计操作、随机模拟等功能、方法。numpy 的核心是 ndarray 对象。ndarray 对象封装了同构数据类型的 n 维数组，为了提高性能，在编译后的代码中执行许多操作。numpy 数组和标准 Python 集合之间有几个重要的区别：

（1）numpy 数组在创建时具有固定的大小，Python 的 list 没有固定大小，可以动态增长。改变 ndarray 的大小将创建一个新的数组并删除原来的数组。

（2）numpy 数组中的元素都需要具有相同的数据类型，因此在内存中大小相同。

（3）numpy 数组便于对大量数据进行高级数学和其他类型的操作。通常与使用 Python 的内置集合相比，这样的操作执行起来效率更高，代码也更简短。

越来越多基于科学和数学的 Python 包正在使用 numpy 数组。尽管它们通常支持 Python 集合输入，但它们在处理之前基本都会将集合输入转换为 numpy 数组，并且通常输出 numpy 数组。

2.5.1 安装

要安装 numpy，仅需要运行 pip install numpy 即可。

2.5.2 创建数组对象

numpy 中可以使用多种方法创建数组对象，常用的方法有以下几种。

1. 通过 list 创建

使用一维的 list 可以创建一维的数组，示例代码如下：

print(np.array([1,2,3,4]))

结果输出为：

[1 2 3 4]

使用二维的 list 可以创建二维的数组，示例代码如下：

```
print(np.array([[1,2,3,4],[5,6,7,8]]))
```

结果输出为：

```
[[1 2 3 4]
 [5 6 7 8]]
```

2. 通过 zeros 方法创建

使用 zeros 方法可以快捷地创建一个指定维度且内容为 0 的数组，如创建一个 2*3 的数组的代码如下：

```
print(np.zeros((2,3)))
```

结果输出为：

```
[[0. 0. 0.]
 [0. 0. 0.]]
```

3. 通过 ones 方法创建

使用 ones 方法可以快捷地创建一个指定维度且内容为 1 的数组，如创建一个 2*3 的数组的代码如下：

```
print(np.ones((2,3)))
```

结果输出为：

```
[[1. 1. 1.]
 [1. 1. 1.]]
```

4. 通过 empty 方法创建

使用 empty 方法可以快捷地创建一个指定维度且内容不做设置的数组，如创建一个 2*3 的数组的代码如下：

```
print(np.empty((2,3)))
```

结果输出为：

```
[[3.44900788e-307 4.22786102e-307 2.78145267e-307]
 [4.00537061e-307 9.45708167e-308 0.00000000e+000]]
```

上述代码的输出结果为什么会是随机数字呢？这是因为使用 empty 不进行数组值的设置，数组的值保持内存上的原始值。

5. 通过 arange 方法创建

使用 arange 方法可以使用指定初始值、结束值、步长的方式创建数组，如创建从 1 开始，到 10 结束，步长为 2 的数组的代码如下：

print(np.arange(1,10,2))

结果输出为：

[1 3 5 7 9]

6. 通过 linspace 方法创建

使用 linspace 可以创建某个区间为固定长度的线性数列的数组，从 1 到 10 创建 15 个线性数列的数组，代码如下：

print(np.linspace(1,10,15))

结果输出为：

[1.　　　 1.64285714   2.28571429   2.92857143   3.57142857   4.21428571
 4.85714286   5.5　 6.14285714   6.78571429   7.42857143   8.07142857
 8.71428571   9.35714286 10.　　　　]

7. 创建正态分布的数据

使用 random.normal 方法可以创建任意正态分布数据，如创建一组身高正态分布数据（数学期望为 170，标准差为 20）的代码如下：

print(np.random.normal(170,20,10))

结果输出为：

[149.78370796   173.16751214   156.94405223   160.00508566   189.45439612
 185.63369351   175.52652446   174.12402991   175.4033294   183.44463095]

2.5.3 算数运算

numpy 数组可以直接用于数组与数字、数组与数组之间的算数运算（如加、减、乘、除），示例代码如下：

```
#定义两个数组
a=np.array([1,2,3,4])
b=np.array([5,6,7,8])
```

a=a+1

print(a)

结果输出:[2 3 4 5]

a=a-1

print(a)

结果输出:[1 2 3 4]

a=a*2

print(a)

结果输出:[2 4 6 8]

a=a**2

print(a)

结果输出:[4 16 36 64]

a=a/2

print(a)

结果输出:[1. 2. 3. 4.]

a=a+b

print(a)

结果输出:[6. 8. 10. 12.]

a=a-b

print(a)

结果输出:[1. 2. 3. 4.]

a=a*b

print(a)

结果输出:[5. 12. 21. 32.]

a=a/b

print(a)

结果输出:[1. 2. 3. 4.]

2.5.4 矩阵运算

numpy 数组可以直接进行矩阵运算,示例代码如下:

```
#定义 a、b 两个矩阵
a=np.array([[1,2],[3,4]])
b=np.array([[5,6],[7,8]])

#进行矩阵外积
c=a @ b
print(c)
#结果输出为
[[19 22]
 [43 50]]


#进行矩阵内积
c=a.dot(b)
print(c)
#结果输出为
[[19 22]
 [43 50]]
```

2.5.5 统计方法

numpy 数组可以按数轴进行统计计算,如下代码为使用 sum 方法对数据进行求和统计:

```
#定义了一个矩阵
a=np.array([[1,2],[3,4]])

#计算整个矩阵的和,结果输出为 10
print(a.sum())

#按第一个轴计算和,结果输出为[4 6]
print(a.sum(0))
```

♯按第二个轴计算和,结果输出为[3 7]

print(a.sum(1))

numpy 常用的统计方法见表 2-4。

表 2-4 numpy 常用的统计方法

统计方法	说明
amin	计算数组中的元素沿指定轴的最小值
amax	计算数组中的元素沿指定轴的最大值
ptp	计算数组中元素最大值与最小值的差(最大值-最小值)
percentile	百分位数是统计中使用的度量,表示小于这个值的观察值的百分比
median	计算数组中元素的中位数(中值)
mean	数组中元素的算术平均值。如果提供了轴,则沿其进行计算
average	根据在另一个数组中给出的各自的权重计算数组中元素的加权平均值。该函数可以接受一个轴参数。如果没有指定轴,则数组会被展开。加权平均值即将各数值乘以相应的权数,然后加总求和得到总体值,再除以总的单位数
std	标准差是一组数据离散程度的度量。标准差是方差的算术平方根
var	方差(样本方差)是每个样本值与全体样本值的平均数之差的平方值的平均数

2.5.6 函数运算

numpy 提供了一些函数运算方法,如计算绝对值、开方、以自然常数 e 为底的指数函数等,示例代码如下:

♯定义变量一个数组 a

a=np.array([1,2,3,4])

♯计算数组 a 的绝对值,结果为[1 2 3 4]

print(np.abs(a))

♯计算数组 a 的开方,

♯结果为[1.   1.41421356 1.73205081 2.   ]

print(np.sqrt(a))

#计算数组 a 以自然常数 e 为底的指数
#结果为［2.71828183　7.3890561　20.08553692　54.59815003］
print(np.exp(a))

常用函数符号见表 2-5。

表 2-5　常用函数符号

符号	说明
sin	正弦函数
cos	余弦函数
tan	正切函数
arcsin	反正弦函数
arccos	反余弦函数
arctan	反正切函数
around	四舍五入值
floor	向下取整，返回小于或者等于指定表达式的最大整数
ceil	向上取整，返回大于或者等于指定表达式的最小整数

2.5.7　索引与切片

对于一维数组，可以使用如下代码进行索引与切片：

#定义数组 a
a=np.array([1,2,3,4])

#获取第3个位置的值,结果为3
print(a[2])

#获取开头到第3个位置(不包括)的值,结果为[1 2]
print(a[:2])

#获取第3个位置到结尾的值,结果输出为[3 4]
print(a[2:])

#获取第2个位置到第4个位置的值(不包括),结果为[2 3]

```python
print(a[1: 3])
```

对于多维数组,使用如下代码进行索引与切片:

```python
#定义一个二维的数组
a=np.array([[1,2,3,4],[5,6,7,8]])

#获取第2行第3列的值,输出为7
print(a[1,2])

#获取第1行从头到第3个位置的值,第2行从头到第3个位置的值
print(a[:2,:2])

#结果为
[[1 2]
 [5 6]]

#获取第1行从头到第3个位置的值,第2行从第3个位置到最后
print(a[:2,2:])

#结果为
[[3 4]
 [7 8]]
```

2.5.8 改变形状(维度)

numpy 的数组可以改变形状(维度),示例代码如下:

```python
#定义一个一维数组 a,a包含8个元素
a=np.array([1,2,3,4,5,6,7,8])

#使用reshape方法将数组 a 从一维数组改变为2*4的二维数组
# 2*4必须与原数组包含的元素数量一致
print(a.reshape(2,4))

#在使用reshape时,可以将其中一个参数设置为-1
#令reshape自动计算正确的值
```

print(a.reshape(2,-1))

2.5.9 数据的拆分与拼接

使用 hsplit 与 vsplit 可以实现数组的横向与纵向拆分，示例代码如下：

\#定义一个数组 a
a=np.array([1,2,3,4,5,6,7,8])

\#使用 hsplit 将 a 横向拆分为两个数组
print(np.hsplit(a,2))

\#结果输出为

[array([1,2,3,4]),array([5,6,7,8])]

\#定义一个数组 a
a=np.array([[1,2,3,4],[5,6,7,8]])

\#使用 vsplit 纵向拆分数组
print(np.vsplit(a,2))

\#结果输出为

[array([[1,2,3,4]]),array([[5,6,7,8]])]

使用 hstack 与 vstack 可以实现数组的横向拼接与纵向拼接，示例代码如下：

\#定义两个数组 a 与 b
a=np.array([1,2,3,4])
b=np.array([5,6,7,8])

\#使用 hstack 实现两个数组的横向拼接
print(np.hstack((a,b)))

\#结果如下

[1 2 3 4 5 6 7 8]

#使用vstack实现两个数组的纵向拼接
print(np.vstack((a,b)))

#结果如下
[[1 2 3 4]
 [5 6 7 8]]

2.6 pandas

pandas是一个Python包，提供了快速、灵活和富有表现力的数据结构，可以简单直观地处理数据。它致力于成为Python在数据分析领域一个高水平的基础模块，甚至于成为开源界最灵活及强大的数据操作及分析工具。

pandas适合处理多种不同的数据：

（1）每列数据类型不一致的二维表格，如关系型数据库表、Excel数据表。

（2）有序或无序的时间序列数据。

（3）有行列标签的矩阵数据。

（4）任何其他形式的观察/统计数据集。

pandas的两个主要数据结构Series（1维）和DataFrame（2维），常用于处理金融、统计、社会科学和许多工程领域中的典型场景。对于R语言用户，DataFrame提供类似R语言中的data.frame所提供的一切，甚至更多。pandas构建在numpy之上，以便很好地与其他第三方库集成。

pandas提供了以下功能：

（1）对空值做了控制，使用NaN进行替代。

（2）DataFrame中的列可以插入与删除。

（3）自动和显式数据对齐：对象可以显式地对齐到一组标签，或者用户可以简单地忽略标签，让Series、DataFrame等在计算中自动对齐数据。

（4）强大、灵活的group by功能，可对数据集执行拆分—应用—组合操作，用于聚合和转换数据。

（5）可以很容易地将其他Python和numpy数据结构中索引不同的数据转

换为数据框架对象。

（6）基于标签的智能切片、索引从大型数据集获取子集数据。

（7）直观地合并和连接数据集。

（8）数据集的灵活重塑和旋转。

（9）轴的分层标记（每个标记可能有多个标记）。

（10）健壮的 I/O 工具，用于从平面文件（CSV 和分隔符）、Excel 文件、数据库加载数据，以及从超快的 HDF5 格式保存/加载数据。

（11）特定于时间序列的功能：日期范围生成和频率转换、移动窗口统计、日期移位和滞后。

这些功能为日常数据分析提供了极大的便利。对于数据科学家来说，处理数据通常分为多个阶段：转换和清理数据，分析/建模数据，接着将分析结果组织成适合绘图或以表格显示的形式。pandas 是完成所有这些任务的理想工具。

2.6.1 安装

使用 pip install pandas 就可以安装 pandas 包。

2.6.2 对象创建

使用 Series 创建一个序列：

```
import pandas as pd

s=pd.Series([1,2,3,4,5])
print(s)
```

结果输出为：

```
0    1
1    2
2    3
3    4
4    5
dtype: int64
```

使用 DataFrame 创建表：

```
import pandas as pd

df=pd.DataFrame({
    '姓名':['张三','李四','王五'],
    '性别':['男','男','女'],
    '年龄':[20,30,80]
})
print(df)
```

结果输出为：

```
   姓名  性别  年龄
0  张三   男   20
1  李四   男   30
2  王五   女   80
```

2.6.3 查看数据

当一个表内的数据行非常多时，可以使用 df.head(5) 查看表格最前面 5 行的数据，使用 df.tail(5) 查看表格最后 5 行的数据。

查看表的索引可以使用 index 属性：

```
print(df.index)
```

结果输出为：

RangeIndex(start=0, stop=3, step=1)

表示从 0 开始步长为 1，到 3 结束的序列。

查看表的列可以使用 columns 属性：

```
print(df.columns)
```

结果输出为：

Index(['姓名','性别','年龄'], dtype='object')

可看到该表格的列由姓名、性别、年龄构成。

使用 describe 方法可以查看表格的统计学描述：

```
print(df.describe())
```

结果输出为：

```
       年龄
count  3.000000
mean   43.333333
std    32.145503
min    20.000000
25%    25.000000
50%    30.000000
75%    55.000000
max    80.000000
```

从中可以看出表格中样本量为 3，平均年龄为 43，标准差为 32.1，最小年龄为 20，三个四分位数分别是 25、30、55，最大年龄是 80。

使用 sort_values 方法可以对数据按列排序：

print(df.sort_values(by='年龄',ascending=False))

结果输出为：

```
   姓名  性别  年龄
2  王五   女   80
1  李四   男   30
0  张三   男   20
```

可以看到表格中的数据按年龄降序排列了。

2.6.4 选择数据

1. 简单的数据选择

单独选择姓名列数据，示例代码如下：

print(df['姓名'])

输出结果为：

```
0  张三
1  李四
2  王五
Name:姓名,dtype: object
```

选择 0~1 行数据，示例代码如下：

```
print(df[0:2])
```

输出结果为：

```
   姓名  性别  年龄
0  张三  男   20
1  李四  男   30
```

2. 按标签进行数据选择

选择姓名、年龄多列数据，示例代码如下：

```
print(df.loc[:,['姓名','年龄']])
```

结果输出为：

```
   姓名  年龄
0  张三  20
1  李四  30
2  王五  80
```

选择1到2行，姓名与年龄两列数据，示例代码如下：

```
print(df.loc['0':'1',['姓名','年龄']])
```

结果输出为：

```
   姓名  年龄
0  张三  20
1  李四  30
```

3. 按位置的数据选择

选择第一行数据，示例代码如下：

```
print(df.iloc[0])
```

结果输出为：

```
姓名    张三
性别    男
年龄    20
Name: 0, dtype: object
```

选择第1行和第2行的第1列、第2列数据，示例代码如下：

```
print(df.iloc[0:2,0:2])
```

结果输出为：

```
   姓名  性别
0  张三  男
1  李四  男
```

选择所有行的第 1 列、第 2 列数据，示例代码如下：

```
print(df.iloc[:,0:2])
```

结果输出为：

```
   姓名  性别
0  张三  男
1  李四  男
2  王五  女
```

4. 按条件进行选择

选择年龄大于 20 的数据，示例代码如下：

```
print(df[df['年龄']>20])
```

结果输出为：

```
   姓名  性别  年龄
1  李四  男   30
2  王五  女   80
```

选择性别为女的数据，示例代码如下：

```
print(df[df['性别']=='女'])
```

结果输出为：

```
   姓名  性别  年龄
2  王五  女   80
```

选择张三、李四的数据，示例代码如下：

```
print(df[df['姓名'].isin(['张三','李四'])])
```

结果输出为：

```
   姓名  性别  年龄
0  张三  男   20
```

1 李四 男 30

2.6.5 空值处理

在 Python 中，空值使用 None 指定，如下代码可以在创建 DataFrame 对象时将李四的年龄设置为空：

df=pd.DataFrame({
　　'姓名':['张三','李四','王五'],
　　'性别':['男','男','女'],
　　'年龄':[20,None,80]
})

print(df)

结果输出为：

　　姓名　性别　年龄
0　张三　男　　20
1　李四　男　　NaN
3　王五　女　　80

1. 删除空值

使用 dropna 方法可以将空值进行删除，示例代码如下：

df=pd.DataFrame({
　　'姓名':['张三','李四','王五'],
　　'性别':['男','男','女'],
　　'年龄':[20,None,80]
})

print(df.dropna())

结果输出为：

　　姓名　性别　年龄
0　张三　男　　20
2　王五　女　　80

2. 空值指定值替换

使用 fillna 对空值使用指定的值进行替换，示例代码如下：

```
df=pd.DataFrame({
    '姓名':['张三','李四','王五'],
    '性别':['男','男','女'],
    '年龄':[20,None,80]
})
```

print(df.fillna(value=10))

结果输出为：

```
   姓名  性别  年龄
0  张三   男   20
1  李四   男   10
2  王五   女   80
```

3．空值均值替换

使用 mean 方法计算年龄的均值，然后将计算结果使用 fillna 进行空值填充，即可完成空值的均值替换，示例代码如下：

```
df=pd.DataFrame({
    '姓名':['张三','李四','王五'],
    '性别':['男','男','女'],
    '年龄':[20,None,80]
})
```

print(df.fillna(value=df['年龄'].mean()))

结果输出为：

```
   姓名  性别  年龄
0  张三   男   20
1  李四   男   50
2  王五   女   80
```

2.6.6 数据操作

对 DataFrame 的数据可以进行增加列、删除列、增加行、删除行、数据统计、数据变换等操作。

1. 增加列

增加一列体重，示例代码如下：

```
df=pd.DataFrame({
    '姓名':['张三','李四','王五'],
    '性别':['男','男','女'],
    '年龄':[20,50,80]
})
df['体重']=[60,50,40]
print(df)
```

结果输出为：

	姓名	性别	年龄	体重
0	张三	男	20	60
1	李四	男	50	50
3	王五	女	80	40

2. 删除列

删除体重列的示例代码如下：

```
df=pd.DataFrame({
    '姓名':['张三','李四','王五'],
    '性别':['男','男','女'],
    '年龄':[20,50,80]
})
df['体重']=[60,50,40]
df=df.drop(columns=['体重'])
print(df)
```

结果输出为：

	姓名	性别	年龄
0	张三	男	20
1	李四	男	50
2	王五	女	80

3. 增加行

增加一行姓名为赵六、性别为男、年龄为44的数据，代码如下：

```python
df=pd.DataFrame({
    '姓名':['张三','李四','王五'],
    '性别':['男','男','女'],
    '年龄':[20,50,80]
})
df.loc[df.shape[0]]=['赵六','男',44]
print(df)
```

结果输出为：

```
  姓名 性别 年龄
0 张三  男  20
1 李四  男  50
2 王五  女  80
3 赵六  男  44
```

4. 删除行

删除赵六这一行数据，示例代码如下：

```python
df=pd.DataFrame({
    '姓名':['张三','李四','王五'],
    '性别':['男','男','女'],
    '年龄':[20,50,80]
})
df.loc[df.shape[0]]=['赵六','男',44]
df=df.drop(index=(df.shape[0]-1))
print(df)
```

结果输出为：

```
  姓名 性别 年龄
0 张三  男  20
1 李四  男  50
2 王五  女  80
```

5. 数据统计

计算年龄的平均值，示例代码如下：

```python
df=pd.DataFrame({
```

```
    '姓名':['张三','李四','王五'],
    '性别':['男','男','女'],
    '年龄':[20,50,80]
})
print(df['年龄'].mean())
```

结果输出为：

50

除了计算平均值的 mean 方法，还可以进行更多的数值计算，如 abs 方法计算绝对值、count 方法计算数量、sum 方法求和等。

6. 数据变换

将年龄这列数据加上单位"岁"，示例代码如下：

```
df=pd.DataFrame({
    '姓名':['张三','李四','王五'],
    '性别':['男','男','女'],
    '年龄':[20,50,80]
})
df['年龄']=df['年龄'].apply(lambda item: '%s 岁' % item)
print(df)
```

结果输出为：

```
   姓名  性别  年龄
0  张三   男   20岁
1  李四   男   50岁
2  王五   女   80岁
```

2.6.7 数据合并

当需要的数据分布于多张表时，需要进行数据合并。数据合并有横向合并与纵向合并两种。

1. 横向合并

前面几节使用的表，表头为姓名、性别、年龄，可以称为基本信息表，现有一张身体检查表，表头包含姓名、身高、体重，需要将上述两张表进行合并，代码如下：

```
df=pd.DataFrame({
    '姓名':['张三','李四','王五'],
    '性别':['男','男','女'],
    '年龄':[20,50,80]
})
df2=pd.DataFrame({
    '姓名':['张三','李四','王五'],
    '身高':[170,150,160],
    '体重':[70,60,50],
})
print(pd.merge(df,df2,on='姓名'))
```

结果输出为：

```
   姓名  性别  年龄  身高  体重
0  张三   男   20  170  70
1  李四   男   50  150  60
2  王五   女   80  160  50
```

上述程序使用 merge 方法将两个表横向合并为了一张表，两张表进行关联时使用 on 关键字传参，传入"姓名"进行两表关联。merge 方法有很多，可以传入很多参数，除了 left、right、on，还有 how。how 参数说明数据如何进行合并，其方式包括 left、right、inner、outer，默认为 inner。left 是基于左边的表格来合并数据，右边不存在的数据会设置为空。right 刚好相反，是基于右边的表格来合并数据，左边不存在的数据会设置为空。inner 是当左右两边的数据同时存在时才进行合并。outer 将两边的表都进行合并，不存在的数据设置为空。

2. 纵向合并

前面几节使用的表，表头为姓名、性别、年龄，包含张三、李四、王五的信息，现有一张新表包含赵六、钱八的姓名、性别、年龄，需要将两张表进行纵向合并，代码如下：

```
df=pd.DataFrame({
    '姓名':['张三','李四','王五'],
    '性别':['男','男','女'],
    '年龄':[20,50,80]
```

```
})
df2=pd.DataFrame({
    '姓名':['赵六','钱八'],
    '性别':['男','男'],
    '年龄':[30,70]
})
print(pd.concat([df,df2]).reset_index(drop=True))
```

结果输出为：

```
  姓名 性别 年龄
0 张三  男   20
1 李四  男   50
2 王五  女   80
3 赵六  男   30
4 钱八  男   70
```

上述代码使用 concat 方法将两张表进行了纵向合并，然后使用 reset_index 方法将行的索引 index 进行了重置。

2.6.8 数据分组

按性别对数据进行分组，代码如下：

```
df=pd.DataFrame({
    '姓名':['张三','李四','王五'],
    '性别':['男','男','女'],
    '年龄':[20,50,80]
})
for g_name,g_data in df.groupby(by='性别'):
    print('分组条件:%s' % g_name)
    print('分组数据:')
    print(g_data)
    print('————————————————')
```

结果输出为：

分组条件:女
分组数据:

```
    姓名  性别  年龄
2   王五   女   80
——————————————
分组条件:男
分组数据:
    姓名  性别  年龄
0   张三   男   20
1   李四   男   50
——————————————
```

上述代码使用 groupby 方法按"性别"进行分组,将数据分成了男、女两组。在将数据分组后,还可以对分组后的数据进行计算。例如计算男女年龄的均值:

```
df=pd.DataFrame({
    '姓名':['张三','李四','王五'],
    '性别':['男','男','女'],
    '年龄':[20,50,80]
})
print(df.groupby(by='性别').mean())
```

结果输出为:

```
性别  年龄
女   80
男   35
```

2.6.9　读写 Excel 数据

使用 pandas 的 read_excel 与 to_excel 方法可以方便地对 Excel 数据进行读写,示例代码如下:

```
df=pd.read_excel('待读取的 excel 文件的路径')
df.to_excel('待输出的 excel 文件的路径')
```

注意,在读取 xlsx 文件之前,需要先安装 openpyxl 模块。

2.7　scrapy

scrapy 是一个为了爬取网站数据,提取结构性数据而编写的应用框架,可以应用在包括数据挖掘、信息处理或存储历史数据等一系列程序中。其最初是为了页面抓取（更确切地说是网络抓取）所设计的，也可以应用在获取 API 所返回的数据或者通用的网络爬虫。当需要从某个网站获取信息，但该网站未提供 API 或能通过程序获取信息的机制时，scrapy 可以将这个网站的数据直接抓取下来。

2.7.1 scrapy 的安装

运行 pip install Scrapy，即可完成 scrapy 的安装。

2.7.2 创建项目

使用 scrapy 的第一步必须创建一个新的 scrapy 项目。进入打算存储代码的目录，运行下列命令：

scrapy startproject tutorial

该命令将会创建包含下列内容的 tutorial 目录：

tutorial/
    scrapy.cfg
    tutorial/
        __init__.py
        items.py
        pipelines.py
        settings.py
        spiders/
            __init__.py
            ...

这些文件分别是：

scrapy.cfg：项目的配置文件。

tutorial/：该项目的 python 模块。之后将在此加入代码。

tutorial/items.py：项目中的 item 文件。

tutorial/pipelines.py：项目中的 pipelines 文件。

tutorial/settings.py：项目的设置文件。

tutorial/spiders/：放置 spider 代码的目录。

2.7.3 定义 Item

Item 是保存爬取到的数据的容器，其使用方法和 Python 字典类似，并且提供了额外保护机制来避免拼写错误导致的未定义字段错误。

类似在 ORM 中做的一样，可以通过创建一个 scrapy.Item 类，并且定义多个类型为 scrapy.Field 的字段。

可根据需要从 dmoz.org 获取的数据对 item 进行建模。例如，需要从 dmoz 中获取名字、url 以及网站描述。对此，在 item 中定义相应的字段，编辑 tutorial 目录中的 items.py 文件：

```python
import scrapy
class DmozItem(scrapy.Item):
    title=scrapy.Field()
    link=scrapy.Field()
    desc=scrapy.Field()
```

定义完 item，才可以使用 scrapy 的其他方法。

2.7.4 程序编写

Spider 是用户编写用于从单个网站（或者多个网站）爬取数据的类，其包含用于下载数据的初始 url，爬取网页链接并分析页面数据的方法。

为了创建一个 Spider，必须继承 scrapy.Spider 类，且定义以下三个属性：

name：用于区别 Spider。该名字必须是唯一的，不可以为不同的 Spider 设定相同的名字。

start_urls：包含了 Spider 在启动时进行爬取的初始 url 列表。后续的 url 则从初始 url 获取的页面数据中提取。

parse() 是 spider 的一个方法，被调用时，每个初始 url 完成下载后生成的 Response 对象将会作为唯一的参数传递给该方法。该方法负责解析返回的数据（response data），提取数据（生成 item）以及生成需要进一步处理的 URL 的 Request 对象。

以下 Spider 示例代码，保存在 tutorial/spiders 目录下的 dmoz_spider.py 文件中：

```python
import scrapy
class DmozSpider(scrapy.Spider):
```

```python
name="dmoz"
allowed_domains=["dmoz.org"]
start_urls=[
    "http://www.dmoz.org/Computers/Programming/Languages/Python/Books/",
    "http://www.dmoz.org/Computers/Programming/Languages/Python/Resources/"
]

def parse(self,response):
    filename=response.url.split("/")[-2]
    with open(filename,'wb') as f:
        f.write(response.body)
```

进入项目的根目录,执行下列命令启动 Spider:

scrapy crawl dmoz

crawl dmoz 启动用于爬取 dmoz.org 的 Spider,将得到类似的输出:

2014-01-23 18:13:07-0400 [scrapy] INFO: Scrapy started (bot: tutorial)
2014-01-23 18:13:07-0400 [scrapy] INFO: Optional features available: ...
2014-01-23 18:13:07-0400 [scrapy] INFO: Overridden settings: {}
2014-01-23 18:13:07-0400 [scrapy] INFO: Enabled extensions: ...
2014-01-23 18:13:07-0400 [scrapy] INFO: Enabled downloader middlewares: ...
2014-01-23 18:13:07-0400 [scrapy] INFO: Enabled spider middlewares: ...
2014-01-23 18:13:07-0400 [scrapy] INFO: Enabled item pipelines: ...
2014-01-23 18:13:07-0400 [dmoz] INFO: Spider opened
2014-01-23 18:13:08-0400 [dmoz] DEBUG: Crawled (200) <GET http://www.dmoz.org/Computers/Programming/Languages/Python/Resources/>(referer:None)
2014-01-23 18:13:09-0400 [dmoz] DEBUG: Crawled (200) <GET http://www.dmoz.org/Computers/Programming/Languages/Python/Books/> (referer: None)
2014-01-23 18:13:09-0400 [dmoz] INFO: Closing spider (finished)

查看包含 [dmoz] 的输出,可以看到输出的 log 中包含定义在 start_urls 的初始 url,并且与 Spider 中初始 url 列表是一一对应的。在 log 中可以看到其没有指向其他页面((referer:None))。

除此之外,有两个包含 url 所对应的内容的文件被创建了:Books 和 Resources。

scrapy 为 Spider 的 start_urls 属性中的每个 url 创建了 scrapy.Request 对象，并将 parse 方法作为回调函数（callback）赋值给了 Request。

Request 对象经过调度，执行生成 scrapy.http.Response 对象并送回给 spider parse() 方法。

2.7.5 数据提取

从网页中提取数据的方法有很多。scrapy 使用了一种基于 XPath 和 CSS 表达式的机制——Scrapy Selectors。

这里给出 XPath 表达式的例子及对应的含义：

/html/head/title：选择 HTML 文档中<head>标签内的<title>元素。

/html/head/title/text()：选择上面提到的<title>元素的文字。

//td：选择所有的<td>元素。

//div[@class="mine"]：选择所有具有 class="mine"属性的 div 元素。

为了配合 XPath，scrapy 除了提供 Selector 之外，还提供方法来避免每次从 response 中提取数据时生成 selector 的麻烦。

Selector 有四个基本的方法：

xpath()：传入 xpath 表达式，返回该表达式所对应的所有节点的 selector list 列表。

css()：传入 CSS 表达式，返回该表达式所对应的所有节点的 selector list 列表。

extract()：序列化该节点为 unicode 字符串并返回 list。

re()：根据传入的正则表达式对数据进行提取，返回 unicode 字符串 list 列表。

现在，尝试从这些页面中提取有用的数据。例如，可以在终端输入 response.body 来观察 HTML 源码并确定合适的 XPath 表达式。

在查看了网页的源码后，发现网站的信息被包含在第二个<ul>元素中。可以通过下面这段代码选择该页面中网站列表里所有的<li>元素：

response.xpath('//ul/li')

网站描述提取表达式为：

response.xpath('//ul/li/text()').extract()

网站的标题提取表达式为：

response.xpath('//ul/li/a/text()').extract()

以及网站的链接提取表达式为：

response.xpath('//ul/li/a/@href').extract()

前面提到过，每个 xpath() 调用返回 selector 组成的 list，因此可以拼接更多的 xpath() 来进一步获取某个节点：

```
for sel in response.xpath('//ul/li'):
    title=sel.xpath('a/text()').extract()
    link=sel.xpath('a/@href').extract()
    desc=sel.xpath('text()').extract()
    print title,link,desc
```

在 Spider 中加入这段代码：

```
import scrapy
class DmozSpider(scrapy.Spider):
    name="dmoz"
    allowed_domains=["dmoz.org"]
    start_urls=[
        "http://www.dmoz.org/Computers/Programming/Languages/Python/Books/",
        "http://www.dmoz.org/Computers/Programming/Languages/Python/Resources/"
    ]

    def parse(self,response):
        for sel in response.xpath('//ul/li'):
            title=sel.xpath('a/text()').extract()
            link=sel.xpath('a/@href').extract()
            desc=sel.xpath('text()').extract()
            print title,link,desc
```

现在尝试再次爬取 dmoz.org，将看到爬取到的网站信息被成功输出。

2.7.6 更多内容

前面介绍了如何通过 scrapy 提取网页中的信息，除此以外，scrapy 还提供了很多强大的特性来使得爬取更为简单高效：

（1）提供了一系列在 Spider 之间共享的可复用的过滤器（即 Item

Loaders），对智能处理爬取数据提供了内置支持。

（2）通过 feed 导出，提供了多格式（JSON、CSV、XML）、多存储后端（FTP、S3、本地文件系统）的内置支持。

（3）提供了 media pipeline，可以自动下载爬取到的数据中的图片（或者其他资源）。

（4）高扩展性：可以通过使用 signals、设计好的 API（中间件、extensions、pipelines）来定制实现所需功能。

（5）内置的中间件及扩展为下列功能提供了支持：

①cookies and session 处理；

②HTTP 压缩；

③HTTP 认证；

④HTTP 缓存；

⑤user－agent 模拟；

⑥robots.txt；

⑦爬取深度限制；

⑧其他。

（6）针对非英语语系中不标准或者错误的编码声明，提供了自动检测以及良好的编码支持。

（7）支持根据模板生成爬虫。在加速爬虫创建的同时，保持在大型项目中的代码更为一致。详细内容请参阅 genspider 命令。

（8）针对多爬虫下的性能评估、失败检测，提供了可扩展的状态收集工具。

（9）提供交互式 shell 终端，为测试 XPath 表达式、编写和调试爬虫提供了极大方便。

（10）提供 System service，简化 scrapy 程序在生产环境的部署及运行。

（11）内置 Web service，方便监视及控制自己的机器。

（12）内置 Telnet 终端，通过在 scrapy 进程中钩入 Python 终端，方便查看调试爬虫。

（13）Logging 为爬取过程中捕捉错误提供了方便。

（14）支持 Sitemaps 爬取。

（15）具有缓存的 DNS 解析器。

第 3 章　从 Word 提取临床数据

在做临床研究时，收集到的病历通常是 docx 格式，由基本资料、住院信息、出入院诊断、既往史、体格检查、病程记录、护理记录、生化检查、影像学检查等内容构成。按病人住院时间的长短不同，病历通常会达到几十页甚至更多。在临床研究中，通常需要几十例样本才能做统计学分析，如果这些需要的数据都通过人工从病历中整理得到，花费的人力物力成本很高。而使用 Python 基础、python-docx、re 这些模块，能很好地解决这个问题，可通过编程的方式自动从众多的病历中提取临床研究需要的数据。

3.1　基本资料

基本资料是患者在入院时填写的，通常需要填写患者的姓名、性别、出生日期、年龄、血型、国籍、籍贯、出身地、民族、文化程度、婚姻状况、证件信息、职业、单位等，如图 3-1 所示。这些数据被组织在一个 8 行 6 列的表格中，这种形式的数据是不能进行临床分析的，故应使用编程的方式批量解析 docx 文件，提取患者的基本资料数据。

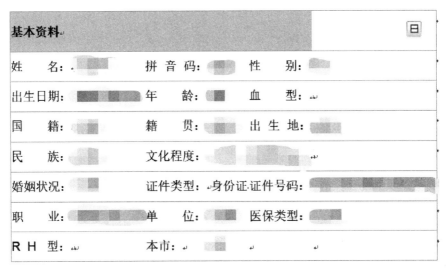

图 3-1 基本资料

从 docx 文件提取患者的基本资料数据的关键程序代码如下：

```
def base_info(self):
    base_info=None

    #获取表格中的所有表格,当表格单元格中的第一个格子(也就是标题)
    #为"基本资料"时,可以断定这个表格一定是基本资料表,
    #可以从中提取到病人的基本信息
    for t in self.document.tables:
        if t.cell(0,0).text.strip() in ('基本资料'):
            base_info=t
            break

    #分别将基本资料表中的数据进行提取
    datas={}
    for row in base_info.rows:
        self._set_data('基本资料',datas,row.cells[0].text,row.cells[1].text)
        self._set_data('基本资料',datas,row.cells[2].text,row.cells[3].text)
        self._set_data('基本资料',datas,row.cells[4].text,row.cells[5].text)
    return datas
```

3.2 住院信息

住院信息是在患者在住院期间填写的,由病人入院时间、病案号、住院次数、管床医师、床号、护理等级、诊疗组、当前科室、当前病(病区)信息、病情、入院科室、入院病(病区)信息等构成,如图 3-2 所示。这些数据被组织在一个 5 行 6 列的表格中,显然这也需要进行数据提取。

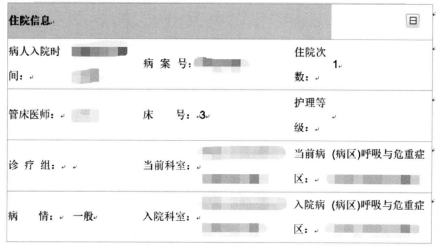

图 3-2　住院信息

提取住院信息数据的关键程序代码如下:

```
def hospitalization_info(self):
    base_info=None
    #获取表格中的所有表格,当表格单元格中的第一个格子(也就是标题)
    #为"住院信息"时,可以断定这个表格一定是住院信息表,
    #可以从中提取到病人的住院信息
    for t in self.document.tables:
        if t.cell(0,0).text.strip()=='住院信息':
            base_info=t
            break
    datas={}
```

```
#分别将住院信息表中的数据进行提取
for row in base_info.rows:
    self._set_data('住院信息',datas,row.cells[0].text,row.cells[1].text)
    self._set_data('住院信息',datas,row.cells[2].text,row.cells[3].text)
    self._set_data('住院信息',datas,row.cells[4].text,row.cells[5].text)
return datas
```

3.3 出入院诊断

出入院诊断信息分别在患者入院与出院时填写，包含的关键信息有入院小结、入院日期、出院小结、出院日期、住院天数、入院科别与转科科别等，如图 3-3、图 3-4 所示。

图 3-3 入院诊断（部分）

图 3-4 出院诊断（部分）

提取出入院诊断数据的关键程序代码如下：

```python
def outbound_diagnosis(self):
    content=''
    # 获取 docx 文件中的所有段落信息
    for p in self.document.paragraphs:
        if p.text:
            content=content+p.text.strip()+'\n'

    d1=content
    # 在段落中第一次找到"患者关系:"这个关键词时,
    # 意味着找到入院信息
    if d1.find('患者关系:') !=-1:
        d1=d1[d1.find('患者关系:')+5:]
    d1=d1[d1.find('患者'):]
    d1=d1[:d1.find('\n')]

    d2=content
    d2=d2[d2.find('入院日期'):]
    # 当第一次找到"入院日期"这个关键字时,
    # 意味着找到出院诊断所在的段落
    if d2[4:].find('入院日期') !=-1:
        d2=d2[4:]
        d2=d2[d2.find('入院日期'):]
    if d2[4:].find('入院日期') !=-1:
        d2=d2[4:]
        d2=d2[d2.find('入院日期'):]

    if d2.find('入院日期')==-1 or d2.find('出院日期')==-1:
        return [{'入院小结': '','入院日期': '','出院小结': '','出院日期': '','住院天数': '','入院科别及转科科别': ''}]
    d2=d2.replace(':',':')

    # 通过截取字符串的方式截取需要的入院日期、出院日期、住院天数
    date1=d2[d2.find('入院日期'):d2.find('出院日期')].split(':')[1]
    date2=d2[d2.find('出院日期'):d2.find('住院天数')].split(':')[1]
```

```
during=d2[d2.find('住院天数'):d2.find('\n')].split(':')[1]
during=during[:during.find('天')+1] if during and during.find('天')!=-1 else during
d2=d2[d2.find('\n')+1:]
    type_name=''
if d2.find('入院科别及转科科别')!=-1:
type_name=d2[d2.find('入院科别及转科科别'):d2.find('\n')].split(':')[1]
    d2=d2[d2.find('\n')+1:]
return [{'入院小结': d1,'入院日期': date1,'出院小结': d2,'出院日期': date2,'住院天数': during,'入院科别及转科科别': type_name}]
```

3.4 既往史

既往史包含的内容非常多，有平素健康状况、疾病史、输血史、过敏史、个人史、婚育史、家族史等，每项下面有众多小项，大多小项都按冒号进行分割，冒号前表示小项的名称与选择结果，冒号后表示选项，如图 3-5 所示。

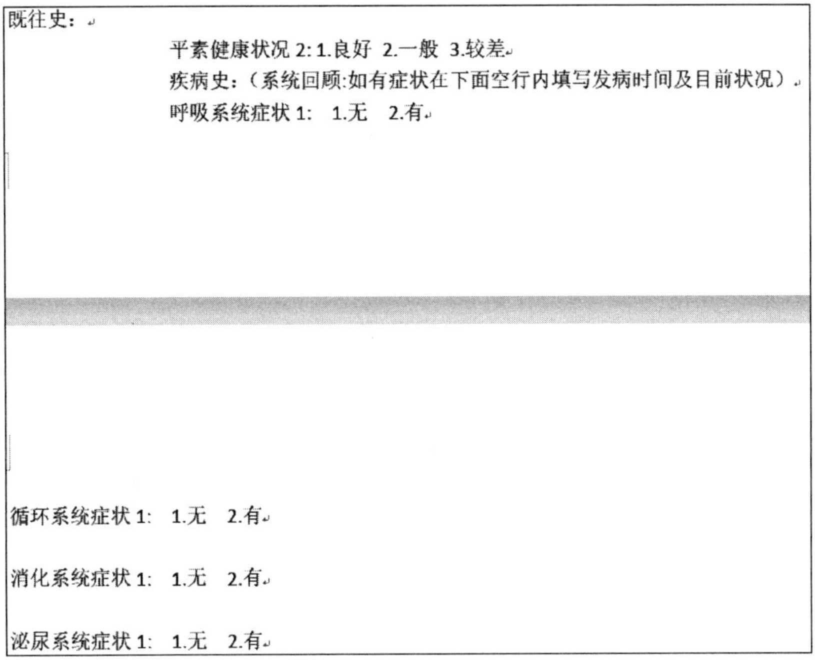

```
既往史：
         平素健康状况 2:1.良好 2.一般 3.较差
         疾病史：（系统回顾:如有症状在下面空行内填写发病时间及目前状况）
         呼吸系统症状 1:  1.无  2.有




循环系统症状 1:  1.无  2.有

消化系统症状 1:  1.无  2.有

泌尿系统症状 1:  1.无  2.有
```

图 3-5 既往史（部分）

提取既往史数据的关键程序代码如下：

```python
def past_medical_history(self):

    def get_selection_by_index(selection, value):
        selections = []
        for v in re.split('\d\.', value):
            if v != '':
                v = re.sub('\d\.', '', v)
                selections.append(v)
        return selections[int(selection)-1].strip()

    def parse_value(value):
        if re.match('.+(\d)', value.split(':')[0]):
            selection = re.match('.+(\d)', value.split(':')[0]).groups()[0]
            return get_selection_by_index(selection, value.split(':')[1].strip())

    def parse_value2(value):
        result = parse_value(value)
        if result == '有':
            return value.split(':')[-1].strip()
        else:
            return result

    def parse_value3(value):
        key = value.split(':')[0]
        selection = value.split(':')[1]
        value = get_selection_by_index(selection, value.split(':')[-1])
        return key, value

    paragraphs = self._all_paragraphs()
    # print(self.docx_path)
    # print(paragraphs)
    # print('=================================================================')
```

```python
data={}
title,key,value,is_entirety=None,None,None,None
for p in paragraphs.split('\n'):
    if p=='既往史:':
        title='既往史'
        continue

    sub_title='平素健康状况'
    if title=='既往史' and p.startswith(sub_title):
        key,value=sub_title,parse_value(p)
        data[title+':'+key]=value
        continue

    sub_title='呼吸系统症状'
    if title=='既往史' and p.startswith(sub_title):
        key,value=sub_title,parse_value(p)
        if value=='无':
            data[title+':'+key]=value
        continue
    if title=='既往史' and key==sub_title and value=='有':
        data[title+':'+key]=p
        key,value=None,None
        continue

    sub_title='循环系统症状'
    if title=='既往史' and p.startswith(sub_title):
        if p.startswith('循环系统症状2'):
            data[title+':循环系统症状']=p.split(':')[-1]
        else:
            key,value=sub_title,parse_value(p)
            if value=='无':
                data[title+':'+key]=value
        continue
    if title=='既往史' and key==sub_title and value=='有':
```

```python
            data[title+':'+key]=p
            key,value=None,None
            continue

        sub_title='消化系统症状'
        if title=='既往史' and p.startswith(sub_title):
            if p.startswith('消化系统症状2'):
                data[title+':消化系统症状']=p.split(':')[-1]
            else:
                key,value=sub_title,parse_value(p)
                if value=='无':
                    data[title+':'+key]=value
                continue
        if title=='既往史' and key==sub_title and value=='有':
            data[title+':'+key]=p
            key,value=None,None
            continue

        sub_title='泌尿系统症状'
        if title=='既往史' and p.startswith(sub_title):
            key,value=sub_title,parse_value(p)
            if value=='无':
                data[title+':'+key]=value
            continue
        if title=='既往史' and key==sub_title and value=='有':
            data[title+':'+key]=p
            key,value=None,None
            continue

        sub_title='血液系统症状'
        if title=='既往史' and p.startswith(sub_title):
            key,value=sub_title,parse_value(p)
            if value=='无':
                data[title+':'+key]=value
```

```
            continue
        if title=='既往史' and key==sub_title and value=='有':
            data[title+':'+key]=p
            key,value=None,None
            continue

    sub_title='内分泌代谢症状'
    if title=='既往史' and p.startswith(sub_title):
        key,value=sub_title,parse_value(p)
        if value=='无':
            data[title+':'+key]=value
            continue
    if title=='既往史' and key==sub_title and value=='有':
        data[title+':'+key]=p
        key,value=None,None
        continue

    sub_title='神经精神症状'
    if title=='既往史' and p.startswith(sub_title):
        key,value=sub_title,parse_value(p)
        if value=='无':
            data[title+':'+key]=value
            continue
    if title=='既往史' and key==sub_title and value=='有':
        data[title+':'+key]=p
        key,value=None,None
        continue

    sub_title='生殖系统症状'
    if title=='既往史' and p.startswith(sub_title):
        key,value=sub_title,parse_value(p)
        if value=='无':
            data[title+':'+key]=value
            continue
```

```python
            if title=='既往史' and key==sub_title and value=='有':
                data[title+':'+key]=p
                key,value=None,None
                continue

        sub_title='运动系统症状'
        if title=='既往史' and p.startswith(sub_title):
            key,value=sub_title,parse_value(p)
            if value=='无':
                data[title+':'+key]=value
                continue
        if title=='既往史' and key==sub_title and value=='有':
            data[title+':'+key]=p
            key,value=None,None
            continue

        sub_title='传染病史'
        if title=='既往史' and p.startswith(sub_title):
            key,value=sub_title,parse_value(p)
            if value=='无':
                data[title+':'+key]=value
                continue
        if title=='既往史' and key==sub_title and value=='有':
            data[title+':'+key]=p
            key,value=None,None
            continue

        sub_title='预防接种史'
        if title=='既往史' and p.startswith(sub_title):
            key,value=sub_title,parse_value(p)
            if value=='无':
                data[title+':'+key]=value
                continue
        if title=='既往史' and key==sub_title and value=='有':
```

```python
            data[title+':'+key]=p.replace('预防接种药物:','')
            key,value=None,None
            continue

    if p=='手术外伤史:':
        title='手术外伤史'
        continue

    sub_title='手术'
    if title=='手术外伤史' and re.match('^'+sub_title+'\d:.*',p):
        key,value=sub_title,parse_value2(p)
        data[title+':'+key]=value.replace('有','').strip()
        continue

    sub_title='外伤'
    if title=='手术外伤史' and re.match('^'+sub_title+'\d:.*',p):
        key,value=sub_title,parse_value2(p)
        data[title+':'+key]=value
        continue

    if title=='手术外伤史' and p.startswith('输血史:'):
        title='输血史'
        selection=int(p.replace('输血史:','').split(':')[0].strip())
        value=get_selection_by_index(selection,p.replace('输血史:','').split(':')[1].strip())
        data[title+':输血']=value
        continue

    sub_title='血型(ABO):'
    if title=='手术外伤史' and p.startswith(sub_title):
        for item in p.split(' '):
            item=item.strip()
            if item!='':
                value=item.strip().split(':')
```

```python
                    data[title+':'+value[0]]=value[1]
                    continue

                if title=='手术外伤史' and p.startswith('输血不良反应:'):
                    key,value=parse_value3(p)
                    data[title+':'+key]=value
                    continue

                if title=='手术外伤史' and p.startswith('临床表现:'):
                    data[title+':'+'临床表现']='无不良反应'
                    continue

                if p.startswith('过敏史:'):
                    title='过敏史'
                    p=p.replace(':',':')
                    key,value=parse_value3(p)
                    data[title+':'+key]=value
                    continue

                if title=='过敏史' and value=='有' and p.startswith('过敏药品:'):
                    data[title+':过敏药品']=re.sub('\s+','',p.split(':')[1].replace('临床表现',
'')).strip())
                    data[title+':过敏药品临床表现']=p.split(':')[2].strip()
                    continue

                if title=='过敏史' and value=='有' and p.startswith('过敏食品:'):
                    data[title+':过敏食品']=re.sub('\s+','',p.split(':')[1].replace('临床表现',
'')).strip())
                    data[title+':过敏食品临床表现']=p.split(':')[2].strip()
                    continue

                if p=='个人史:':
                    title='个人史'
                    continue
```

```python
            if title=='个人史' and p.startswith('经常居住地:'):
                data[title+':经常居住地']=p.split(':')[1].replace('地方病地区居住史','').strip()
                data[title+':地方病地区居住史']=p.split(':')[-1].strip()
                continue

            if title=='个人史' and p.startswith('吸烟史'):
                selection=p.split(':')[0].replace('吸烟史','')
                if selection=='1':
                    data[title+':吸烟史']='无'
                else:
                    data[title+':吸烟史']=re.sub('\s+','',p.split('有')[-1].strip())
                continue

            if title=='个人史' and p.startswith('戒烟:'):
                selection=p.split(':')[0].replace('戒烟:','')
                if selection=='1':
                    data[title+':戒烟']='无'
                else:
                    data[title+':戒烟']=re.sub('\s+','',p.split('有')[-1].strip()).split(':')[-1]
                continue

            if title=='个人史' and p.startswith('饮酒史'):
                selection=p.split(':')[0].replace('饮酒史','')
                if selection=='1':
                    data[title+':饮酒史']='无'
                else:
                    data[title+':饮酒史']=re.sub('\s+','',p.split('有')[-1].strip())
                continue

            if title=='个人史' and p.startswith('戒酒:'):
                selection=p.split(':')[0].replace('戒酒:','')
                if selection=='1':
```

```python
            data[title+':戒酒']='无'
        else:
            data[title+':戒酒']=re.sub('\s+','',p.split('有')[-1].strip()).split(':')[-1]
        continue

    if title=='个人史' and p.startswith('毒品接触史'):
        selection=p.split(':')[1]
        if selection=='1':
            data[title+':毒品接触史']='无'
        else:
            data[title+':毒品接触史']=re.sub('\s+','',p.split('有')[-1].strip()).split(':')[-1]
        continue

    if title=='个人史' and p.startswith('其他'):
        data[title+':其他']=p.split(':')[-1]
        continue

    if p=='婚育史:':
        title='婚育史'
        is_entirety=True
        continue

    if p=='家族史:' or p.startswith('父'):
        is_entirety=False

    if title=='婚育史' and is_entirety and not p.startswith('配偶健康状况:'):
        if title+':婚育情况' in data.keys():
            data[title+':婚育情况']=data[title+':婚育情况']+p
        else:
            data[title+':婚育情况']=p
        continue
```

```python
            if title=='婚育史' and p.startswith('配偶健康状况:'):
                selection=p.split(':')[0].replace('配偶健康状况:','')
                if selection=='1':
                    data[title+':配偶健康状况']='良'
                else:
                    data[title+':配偶健康状况']='差'
                is_entirety=False
                continue

            if p=='家族史:':
                title='家族史'
                is_entirety=False
                continue

            sub_title='父'
            if title=='家族史' and p.startswith(sub_title):
                key,value=sub_title,parse_value(p)
                data[title+':'+key]=value
                continue

            sub_title='母'
            if title=='家族史' and p.startswith(sub_title):
                key,value=sub_title,parse_value(p)
                data[title+':'+key]=value
                continue

    return data
```

3.5 体格检查

  体格检查的内容包括生命体征、一般情况、皮肤黏膜、淋巴结、头部、眼、耳、鼻、口腔、颈部、胸部、肺、心、腹部、直肠肛门、外生殖器、脊柱、四肢、神经系统等，每项下面又包含若干小项，如图3-6所示。数据格式与既往史部分的数据格式差不多，解析也要采用逐行解析的方式进行。

```
生命体征：体温 36.8℃ , 脉搏 70 次/分, 规则, 呼吸 18 次/分, 规则, 血压 130/70mmHg。
一般情况：发育 1: 1.正常  2.不良  3.超常
         营养 1:1.良好   2.中等   3.不良   4.恶病质
         表情 1:1.自如   2.其他无，   检查合作(1):1.是   2.否
         体型 2:1.无力型   2.正力型   3.超力型
         步态 1:1.正常   2.不正常
         体位 1:1.自动体位   2.被动体位   3.强迫体位
         神志 1:1.清楚 2.嗜睡 3.模糊  4.昏睡  5.浅昏迷 6.中度昏迷 7.深度昏迷 8.谵妄
皮肤、黏膜：色泽 1:1.正常  2.苍白  3.潮红  4.发绀  5.黄疸  6.色素沉着
         皮疹类型及分布:无
         皮下出血类型及分布:无
         水肿部位及程度:无
         肝掌 1:1.无  2.有
         蜘蛛痣 1:1.无  2.有, 部位：
         其他：无
淋巴结：浅表淋巴结肿大 1:1.无  2.有  描述：
头部：头颅大小 1:1.正常  2.异常，   形态 1:1.正常  2.畸形（描述       ）
     头发分布 1:1.正常    2.异常，描述：
     其他无
```

图 3-6　体格检查（部分）

提取体格检查数据的关键程序代码如下：

```python
def health_checkup(self):
    def get_selection_by_index(selection, value):
        selections=[]
        for v in re.split('\d\.', value):
            if v!='':
                v=re.sub('\d\.','',v)
                selections.append(v)
        return selections[int(selection)-1].strip()

    def parse_value(value):
        value=value.strip()
        value=value.replace('：',':')
        if re.match('.+(\d)', value.split(':')[0]):
            selection=re.match('.+(\d)', value.split(':')[0]).groups()[0]
            return value.split(':')[0][:-1].strip(), get_selection_by_index(selection, value.split(':')[1].strip())
```

```python
paragraphs = self._all_paragraphs()
data = {}
title = None
is_continue = False
temp_content = None
for p in paragraphs.split('\n'):
    if p.startswith('生命体征:'):
        title = '生命体征'
        temperature = re.findall('体温(\d+\.?\d*)℃', p)
        pulse = re.findall('脉搏(\d+)次/分', p)
        breathe = re.findall('呼吸(\d+)次/分', p)
        blood = re.findall('血压(\d+/\d+)mmHg', p)
        temperature = temperature[0] if temperature is not None and len(temperature) > 0 else None
        pulse = pulse[0] if pulse is not None and len(pulse) > 0 else None
        breathe = breathe[0] if breathe is not None and len(breathe) > 0 else None
        blood = blood[0] if blood is not None and len(blood) > 0 else None
        data[title+':体温'] = temperature
        data[title+':脉搏'] = pulse
        data[title+':呼吸'] = breathe
        data[title+':血压'] = blood
        continue

    if p.startswith('一般情况:'):
        title = '一般情况'
        p = p.replace('一般情况:', '')
        if '超常' not in p:
            continue
        key, value = parse_value(p)
        data[title+':'+key] = value
        continue

    if title == '一般情况' and re.match('营养\d.*', p):
        key, value = parse_value(p)
```

```python
            data[title+':'+key]=value
            continue

        if title=='一般情况' and re.match('表情\d.*',p):
            p=p.replace('(','').replace(')','')
            ps=p.split(',')
            key,value=parse_value(ps[0])
            data[title+':'+key]=value
            key,value=parse_value(ps[1])
            data[title+':'+key]=value
            continue

        if title=='一般情况' and re.match('体型\d.*',p):
            key,value=parse_value(p)
            data[title+':'+key]=value
            continue

        if title=='一般情况' and re.match('步态\d.*',p):
            key,value=parse_value(p)
            data[title+':'+key]=value
            continue

        if title=='一般情况' and re.match('体位\d.*',p):
            key,value=parse_value(p)
            data[title+':'+key]=value
            continue

        if title=='一般情况' and re.match('神志\d.*',p):
            key,value=parse_value(p)
            data[title+':'+key]=value
            continue

        if p.startswith('皮肤、黏膜:'):
            title='皮肤、黏膜'
```

```python
            p=p.replace('皮肤、黏膜:','')
            key,value=parse_value(p)
            data[title+':'+key]=value
            continue

        if title=='皮肤、黏膜' and p.startswith('皮疹类型及分布:'):
            kv=p.split(':')
            data[title+':'+kv[0]]=kv[1]
            continue

        if title=='皮肤、黏膜' and p.startswith('皮下出血类型及分布:'):
            kv=p.split(':')
            data[title+':'+kv[0]]=kv[1]
            continue

        if title=='皮肤、黏膜' and p.startswith('水肿部位及程度:'):
            kv=p.split(':')
            data[title+':'+kv[0]]=kv[1]
            continue

        if title=='皮肤、黏膜' and re.match('肝掌\d.*',p):
            key,value=parse_value(p)
            data[title+':'+key]=value
            continue

        if title=='皮肤、黏膜' and re.match('蜘蛛痣\d.*',p):
            key,value=parse_value(p)
            data[title+':'+key]=value
            continue

        if title=='皮肤、黏膜' and p.startswith('其他:'):
            data[title+':其他']=p.split(':')[-1]
            continue
```

```python
if p.startswith('淋巴结:'):
    title = '淋巴结'
    p = p.replace('淋巴结:', '')
    if p == '浅表淋巴结无':
        continue
    key, value = parse_value(p)
    data[title+':'+key] = value
    continue

if p.startswith('头部:'):
    title = '头部'
    p = p.replace('头部:', '')
    ps = p.split(',')
    key, value = parse_value(ps[0])
    data[title+':'+key] = value
    key, value = parse_value(ps[1])
    data[title+':'+key] = value
    continue

if title == '头部' and re.match('头发分布\d.*', p):
    key, value = parse_value(p)
    data[title+':'+key] = value
    continue

if p.startswith('眼:'):
    title = '眼'
    data[title+':眼'] = p.split(':')[-1].strip()
    continue

if title == '眼' and re.match('瞳孔\d.*', p):
    key, value = parse_value(p)
    data[title+':'+key] = value
    continue
```

```python
    if title=='眼' and re.match('瞳孔对光反射\d.*',p):
        key,value=parse_value(p)
        data[title+':'+key]=value
        continue

    if title=='眼' and p.startswith('其他:'):
        data[title+':其他']=p.split(':')[-1]
        continue

    if p.startswith('耳:'):
        title='耳'
        p=p.replace('耳:','')
        key,value=parse_value(p)
        data[title+':'+key]=value
        continue

    if title=='耳' and re.match('外耳道分泌物\d.*',p):
        key,value=parse_value(p)
        data[title+':'+key]=value
        continue

    if title=='耳' and re.match('乳突压痛\d.*',p):
        key,value=parse_value(p)
        data[title+':'+key]=value
        continue

    if title=='耳' and re.match('听力障碍\d.*',p):
        key,value=parse_value(p)
        data[title+':'+key]=value
        continue

    if p.startswith('鼻:'):
        title='鼻'
        p=p.replace('鼻:','')
```

```python
            key, value = parse_value(p)
            data[title+':'+key] = value
            continue

        if title == '鼻' and re.match('分泌物\d.*', p):
            key, value = parse_value(p)
            data[title+':'+key] = value
            continue

        if title == '鼻' and re.match('副鼻窦压痛\d.*', p):
            key, value = parse_value(p)
            data[title+':'+key] = value
            continue

        if p.startswith('口腔:'):
            title = '口腔'
            data[title+':空腔'] = p.split(':')[-1]

        if title == '口腔' and re.match('齿列\d.*', p):
            key, value = parse_value(p)
            data[title+':'+key] = value
            continue

        if title == '口腔' and re.match('齿龈\d.*', p):
            key, value = parse_value(p)
            data[title+':'+key] = value
            continue

        if title == '口腔' and p.startswith('扁桃体'):
            data[title+':其他'] = p
            continue

        if p.startswith('颈部:'):
            title = '颈部'
```

```python
        p = p.replace('颈部:', '')
        key, value = parse_value(p)
        data[title+':'+key] = value
        continue

    if title == '颈部' and re.match('颈动脉\d.*', p):
        key, value = parse_value(p)
        data[title+':'+key] = value
        continue

if title == '颈部' and re.match('颈动脉杂音\d.*', p):
    key, value = parse_value(p)
    data[title+':'+key] = value
    continue

    if title == '颈部' and re.match('颈静脉\d.*', p):
        key, value = parse_value(p)
        data[title+':'+key] = value
        continue

    if title == '颈部' and re.match('肝颈静脉回流征\d.*', p):
        key, value = parse_value(p)
        data[title+':'+key] = value
        continue

    if title == '颈部' and re.match('气管\d.*', p):
        key, value = parse_value(p)
        data[title+':'+key] = value
        continue

    if title == '颈部' and re.match('甲状腺\d.*', p):
        key, value = parse_value(p)
        data[title+':'+key] = value
        continue
```

```python
        if title=='颈部' and re.match('血管杂音\d.*',p):
            key,value=parse_value(p)
            data[title+':'+key]=value
            continue

        if p.startswith('胸部:'):
            title='胸部'
            p=p.replace('胸部:','')
            key,value=parse_value(p)
            data[title+':'+key]=value
            continue

        if title=='胸部' and re.match('乳房\d.*',p):
            key,value=parse_value(p)
            data[title+':'+key]=value
            continue

        if title=='胸部' and re.match('胸骨叩痛\d.*',p):
            key,value=parse_value(p)
            data[title+':'+key]=value
            continue

        if p.startswith('肺:'):
            title='肺'
            p=p.replace('视诊:','').replace('肺:','')
            key,value=parse_value(p)
            data[title+':'+key]=value
            continue

        if title=='肺' and p.startswith('触诊:'):
            p=p.replace('触诊:','')
            key,value=parse_value(p)
            data[title+':'+key]=value
            continue
```

```python
        if title=='肺' and re.match('胸膜摩擦感\d.*',p):
            key,value=parse_value(p)
            data[title+':'+key]=value
            continue

        if title=='肺' and re.match('皮下捻发感\d.*',p):
            key,value=parse_value(p)
            data[title+':'+key]=value
            continue

        if title=='肺' and re.match('叩诊\d.*',p):
            temp_content=p
            is_continue=True
            continue

        if title=='肺' and re.match('肺下界\d.*',p):
            is_continue=False
            key,value=parse_value(temp_content)
            data[title+':'+key]=value

            key,value=parse_value(p)
            data[title+':'+key]=value
            continue
        elif title=='肺' and is_continue:
            temp_content=temp_content+' '+p
            continue

        if title=='肺' and p.startswith('锁骨中线:'):
            data[title+':锁骨中线']=p.replace('锁骨中线:','')
            continue

        if title=='肺' and p.startswith('腋中线:'):
            data[title+':腋中线']=p.replace('腋中线:','')
            continue
```

```python
        if title=='肺' and p.startswith('肩胛线:'):
            data[title+':肩胛线']=p.replace('肩胛线:','')
            continue

        if title=='肺' and p.startswith('肺下界移动度:'):
            data[title+':肺下界移动度']=p.replace('肺下界移动度:','')
            continue

        if title=='肺' and re.match('听诊:呼吸音\d.*',p):
            p=p.replace('听诊:','')
            key,value=parse_value(p)
            data[title+':'+key]=value
            continue

        if title=='肺' and re.match('啰音\d.*',p):
            key,value=parse_value(p)
            data[title+':'+key]=value
            continue

        if title=='肺' and re.match('语音传导\d.*',p):
            key,value=parse_value(p)
            data[title+':'+key]=value
            continue

        if title=='肺' and re.match('胸膜摩擦音\d.*',p):
            key,value=parse_value(p)
            data[title+':'+key]=value
            continue

        if p.startswith('心:'):
            title='心'
            p=p.replace('心:','').replace('视诊:','')
            key,value=parse_value(p)
            data[title+':'+key]=value
```

```python
        continue

    if title=='心' and re.match('剑突下搏动\d.*',p):
        key,value=parse_value(p)
        data[title+':'+key]=value
        continue

    if title=='心' and re.match('心尖搏动位置\d.*',p):
        p=p.replace('1.内','内').replace('2.外','外')
        key,value=parse_value(p)
        data[title+':'+key]=value
        continue

    if title=='心' and re.match('触诊:心尖搏动\d.*',p):
        p=p.replace('触诊:','')
        key,value=parse_value(p)
        data[title+':'+key]=value
        continue

    if title=='心' and re.match('震颤\d.*',p):
        key,value=parse_value(p)
        data[title+':'+key]=value
        continue

    if title=='心' and re.match('心包摩擦感\d.*',p):
        key,value=parse_value(p)
        data[title+':'+key]=value
        continue

    if title=='心' and re.match('叩诊:心相对浊音界\d.*',p):
        p=p.replace('叩诊:','')
        key,value=parse_value(p)
        data[title+':'+key]=value
        continue
```

```python
            if title=='心' and p.startswith('听诊:心率'):
                p=p.replace('听诊:心率','').replace('次/分','').strip()
                data[title+':心率']=p
                continue

            if title=='心' and re.match('心律\d.*',p):
                key,value=parse_value(p)
                data[title+':'+key]=value
                continue

            if title=='心' and re.match('心音\d.*',p):
                key,value=parse_value(p)
                data[title+':'+key]=value
                continue

            if title=='心' and re.match('附加心音\d.*',p):
                key,value=parse_value(p)
                data[title+':'+key]=value
                continue

            if title=='心' and p.startswith('P2'):
                p=p.replace('P2','').replace('A2','')
                key,value=parse_value(p)
                data[title+':P2_A2'+key]=value
                continue

            if title=='心' and re.match('杂音\d.*',p):
                key,value=parse_value(p)
                data[title+':'+key]=value
                continue

            if title=='心' and re.match('周围血管征\d.*',p):
                key,value=parse_value(p)
                data[title+':'+key]=value
```

```python
        continue

    if p.startswith('腹部:'):
        title='腹部'
        p=p.replace('腹部:视诊:','')
        key,value=parse_value(p)
        data[title+':'+key]=value
        continue

    if title=='腹部' and re.match('胃型\d.*',p):
        key,value=parse_value(p)
        data[title+':'+key]=value
        continue

    if title=='腹部' and re.match('肠型\d.*',p):
        key,value=parse_value(p)
        data[title+':'+key]=value
        continue

    if title=='腹部' and re.match('腹壁静脉曲张\d.*',p):
        key,value=parse_value(p)
        data[title+':'+key]=value
        continue

    if title=='腹部' and re.match('手术疤痕\d.*',p):
        key,value=parse_value(p)
        data[title+':'+key]=value
        continue

    if title=='腹部' and re.match('触诊\d.*',p):
        key,value=parse_value(p)
        data[title+':'+key]=value
        continue
```

```python
        if title=='腹部' and re.match('压痛\d.*',p):
            key,value=parse_value(p)
            data[title+':'+key]=value
            continue

        if title=='腹部' and re.match('反跳痛\d.*',p):
            key,value=parse_value(p)
            data[title+':'+key]=value
            continue

        if title=='腹部' and re.match('肝\d.*',p):
            data[title+':肝']=p.split(':')[-1]
            continue

        if title=='腹部' and re.match('胆囊\d.*',p):
            value=p.split('Murphy')[0].split(':')[-1].strip()
            data[title+':胆囊']=value
            value=p.split('Murphy')[-1].split(':')[-1].strip()
            data[title+':征']=value
            continue

        if title=='腹部' and re.match('脾\d.*',p):
            data[title+':脾']=p.split(':')[-1]
            continue

        if title=='腹部' and re.match('肾\d.*',p):
            data[title+':脾']=p.split(':')[-1]
            continue

        if title=='腹部' and re.match('腹部包块\d.*',p):
            data[title+':脾']=p.split(':')[-1]
            continue

        if title=='腹部' and re.match('其他\d.*',p):
```

```python
        data[title+':脾']=p.split(':')[-1]
        continue

    if title=='腹部' and re.match('叩诊:肝浊音界\d.*',p):
        p=p.replace('叩诊:','')
        key,value=parse_value(p)
        data[title+':'+key]=value
        continue

    if title=='腹部' and p.startswith('肝上界:'):
        data[title+':肝上界']=p.split(':')[-1].strip()
        continue

    if title=='腹部' and re.match('移动性浊音\d.*',p):
        key,value=parse_value(p)
        data[title+':'+key]=value
        continue

    if title=='腹部' and re.match('听诊:肠鸣音\d.*',p):
        p=p.replace('听诊:','')
        key,value=parse_value(p)
        data[title+':'+key]=value
        continue

    if title=='腹部' and re.match('气过水声\d.*',p):
        key,value=parse_value(p)
        data[title+':'+key]=value
        continue

    if title=='腹部' and re.match('血管杂音\d.*',p):
        key,value=parse_value(p)
        data[title+':'+key]=value
        continue
```

```python
        if re.match('直肠肛门\d.*', p):
            key, value = parse_value(p)
            data[key+':'+key] = value
            continue

        if re.match('外生殖器\d.*', p):
            key, value = parse_value(p)
            data[key+':'+key] = value
            continue

        if re.match('脊柱\d.*', p):
            key, value = parse_value(p)
            data[key+':'+key] = value
            continue

        if re.match('四肢\d.*', p):
            title = '四肢'
            is_continue = True
            temp_content = p
            continue

        if title == '四肢' and is_continue:
            temp_content = temp_content+' '+p
            if '6' in temp_content:
                is_continue = False
                key, value = parse_value(temp_content)
                data[key+':'+key] = value
            continue

        if re.match('神经系统\d.*', p):
            key, value = parse_value(p)
            data[key+':'+key] = value
            continue

    return data
```

3.6 病程记录

病程记录记录了每次医生的查房情况，可以跟踪病人的病情发展情况，内容包含查房医生、查房时间、病情记录等，如图 3-7 所示。

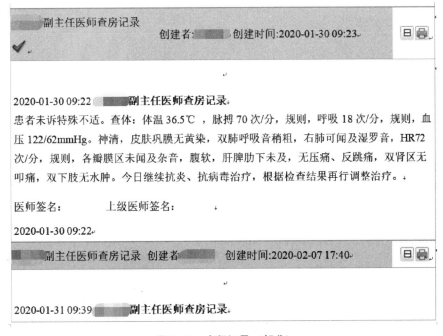

图 3-7 病程记录（部分）

提取病程记录数据的关键程序代码如下：

```
def _get_process_note_tables(self):
    tables=[]
    #获取docx的所有表格,当第一个单元格(表头)中找到查房记录
    #或病程记录时,该表格一定是存放病程记录的表格,
    #可以从中提取病程记录
    for t in self.document.tables:
        title=t.cell(0,0).text
        if title.find('查房记录')!=-1 or title.find('病程记录')!=-1:
            tables.append(t)
        if t.cell(0,0).tables:
```

```python
                t=t.cell(0,0).tables[0]
            if t.cell(0,0).tables:
                for t in t.cell(0,0).tables:
                    title=t.cell(0,0).text
                    if title.find('查房记录')!=-1 or title.find('病程记录')!=-1:
                        tables.append(t)
        return tables
def progress_note(self):
    datas=[]
    tables=self._get_process_note_tables()
    #从病情记录的表格中提取创建者、创建时间、医生等数据
    for t in tables:
        title=t.cell(0,0).text.strip()
        doctor=self._extract_doctor_from_title(title)
        creator=t.cell(0,1).text.strip().replace('创建者:','') if t.cell(0,1).text else None
        create_time=t.cell(0,2).text.strip().replace('创建时间:','') if t.cell(0,2).text else None
        content=t.cell(1,0).tables[0].cell(0,0).text.strip()
        datas.append({'名称': title,'医生': doctor,'创建者': creator,'创建时间': create_time,'内容': content})
    datas.sort(key=lambda x: x['创建时间'])
    return datas
```

3.7 医嘱记录

医嘱记录包含开始时间、医嘱类型、医嘱内容、剂量、下达人、执行时间、执行人、状态等内容，用于记录病人的整个治疗过程，采用多行8列的表格进行存放，如图3-8所示。

开始时间	医嘱类型	医嘱内容	剂量	下达人	执行时间	执行人	状态
2020-01-29 21:45	长期	按呼吸与危重症医学科常规护理			2020-01-29 21:53		停止医嘱未确认接收
2020-01-29 21:45	长期	中心吸氧			2020-01-29 21:53		停止医嘱未确认接收
2020-01-29 21:45	长期	深静脉血栓风险筛查与测评			2020-01-29 21:53		停止医嘱未确认接收

图 3-8　医嘱记录（部分）

提取医嘱记录数据的关键程序代码如下：

```python
def _get_nn_table(self):
    #获取所有表格,当表格有8列,且第1行,第2个单元格为长期或临时
    #表格中的信息一定为医嘱信息,可以进行医嘱信息的提取
    for t in self.document.tables:
        if len(t.columns)==8 and t.cell(0,1).text.strip() in ['长期','临时']:
            return t
        if len(t.rows)>1 and t.cell(1,0).tables:
            t=t.cell(1,0).tables[0]
            if t.cell(0,0).tables:
                t=t.cell(0,0).tables[0]
                if len(t.rows)>1 and t.cell(1,0).tables:
                    t=t.cell(1,0).tables[0]
                    if len(t.columns)==8 and t.cell(0,1).text.strip() in ['长期','临时']:
                        return t

def nn(self):
    table=self._get_nn_table()
    datas=[]
```

```python
    if not table:
        return datas

    # 从医嘱表格中提取相关信息
    for row in table.rows:
        create_time = row.cells[0].text
        nn_type = row.cells[1].text
        content = row.cells[2].text
        value = row.cells[3].text
        name = row.cells[4].text
        end_time = row.cells[5].text
        name2 = row.cells[6].text
        remark = row.cells[7].text
        datas.append({'开始时间': create_time, '医嘱类型': nn_type,
                      '医嘱内容': content, '剂量': value, '下达人': name,
                      '执行时间': end_time, '执行人': name2, '状态': remark})
    datas.sort(key=lambda x: x['开始时间'])
    return datas
```

3.8 生化检查

生化检查包含很多项目，如肺炎支原体抗体检测、肺炎衣原体抗体检测、肝功能十一项、血生化等，每个项目中包含多项检测指标，及其检测结果、单位、标志参考值范围等，如图 3-9 所示。

2020-03-03 07:32 肺炎支原体抗体检测（IgG+IgM）		样本：血液 Y	27176790	
项目名	结果	单位	标志	参考值范围
肺炎支原体 IgG 抗体	阴性			阴性
肺炎支原体 IgM 抗体	阴性			阴性
检验人：		审核人：		

2020-03-03 07:32 肺炎衣原体抗体检测（IgG+IgM）		样本：血液 Y	27176789	
项目名	结果	单位	标志	参考值范围
肺炎衣原体 IgG 抗体	阳性		+	阴性
肺炎衣原体 IgM 抗体	阴性			阴性
检验人：		审核人：		

2020-02-29 08:11	肝功能十一项		样本：血液 Y	27169264	
项目名		结果	单位	标志	参考值范围
总胆红素		4.5	μmol/L		2～20.4
直接胆红素		1.2	μmol/L		0～6.8

图 3-9 生化检查（部分）

提取生化检查数据的关键程序代码如下：

```
def _get_inspection_report(self):
    tables=[]
    #提取所有表格，
    #当表格的行数大于1且第2行第1列的内容为"项目名"时
    #该表格一定为生化检查的表格，可以从中提取生化指标
    for t in self.document.tables:
        if len(t.rows) > 1 and t.cell(1,0).text.strip()=='项目名':
            tables.append(t)
        if t.cell(0,0).tables:
            for tt in t.cell(0,0).tables:
                if len(tt.rows)>1 and tt.cell(1,0).text.strip()=='项目名':
                    tables.append(tt)
    return tables
```

```python
def inspection_report(self):
    tables=self._get_inspection_report()
    datas=[]
    #对生化指标表中的指标进行解析
    for t in tables:
        create_time=t.cell(0,0).text
        title=t.cell(0,1).text.replace('/','或').replace('[','(').replace(']',')')
        sample=t.cell(0,4).text.replace('样本:','')
        data={'创建时间': create_time,'名称': title,'项目': sample,'详细': []}
        i=0
        for row in t.rows:
            if i>1:
                project_name=row.cells[0].text
                if project_name.find('检验人') !=-1:
                    break
                result=row.cells[3].text
                result=result.replace('&gt;','>').replace('&lt;','<').replace('<br>','<')
                unit=row.cells[4].text
                value_range=row.cells[6].text
                value_range=value_range.replace('&gt;','>').replace('&lt;','<').replace('<br>','<')
                data['详细'].append({'项目名': project_name,'结果': result,'单位': unit,'参考值范围': value_range})
            i=i+1
        datas.append(data)
    datas.sort(key=lambda x: x['创建时间'])
    return datas
```

3.9 影像学检查

影响学检查主要包含检查时间、检查结论/诊断等内容,如图3-10所示。

第 3 章　从 Word 提取临床数据　　167

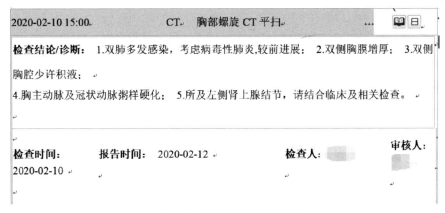

图 3-10　影像学检查（部分）

提取影像学检查数据的关键程序代码如下：

```
def _get_inspection_result(self):
    tables=[]
    #获取 docx 文件的所有表格
    #当表格的行数大于1
    #且标题中找到"检查项目"关键词时
    #该表格一定是影像学检查的表格,可以从中提取相关数据
    for t in self.document.tables:
        if len(t.rows)>1 and t.cell(1,0).tables and t.cell(1,0).tables[0].cell(0,0).text.find('检查项目')!=-1:
            tables.append(t)
    return tables


def inspection_result(self):
    tables=self._get_inspection_result()
    datas=[]
    for t in tables:
        create_time=t.cell(0,0).text
        name=t.cell(0,1).text
        name2=t.cell(0,2).text
        check_item=t.cell(1,0).tables[0].cell(0,1).text
        check_item=re.sub('\s','',check_item)
        check_item_view=t.cell(1,0).tables[0].cell(1,0).text.replace('检查所见:','')
```

```
            check_item_view=re.sub('\s',",check_item_view)
            check_result=t.cell(1,0).tables[0].cell(2,0).text.replace('检查结论/诊断:',")
            check_result=re.sub('\s',",check_result)
            datas.append(
                {'创建时间': create_time,'名称': '='+name+'=','名称2': name2,'检查项
目': check_item,'检查所见': check_item_view,
                '检查结论': check_result})
    datas.sort(key=lambda x: x['创建时间'])
    return datas
```

3.10 从视频中均匀提取图片

在开展科研活动或学习的过程中，很多时候由于条件有限，只能获取到CT数据的视频（如用手机拍摄），不能获取到DICOM（Digital Imaging and Communications in Medicine）格式。这时就希望能从视频中均匀地提取图片，然后采用传统手工的方式进行CT数据的测量。

使用Python对视频进行切割，主要是利用opencv-python模块。该模块包括数百种计算机视觉算法，可以用于解析视频数据，及对视频数据进行处理。从视频中均匀提取图片的程序代码如下：

```
import cv2,math
import os,shutil

def mkdirs(path):
    if not os.path.exists(path):
        os.makedirs(path)

def extrat_image_from_video(path,to_dir):
    def create_index(total):
        index=[]
        for i in range(1,241):
            index.append(math.ceil(i * 100 / 240 * total / 100))
        return index
```

```python
#从视频地址 path 将视频加载到内存
    vc = cv2.VideoCapture(path)
    try:
        c = 1

#获取视频的帧数
        total_frame_count = int(vc.get(7))

#建立需要提取的帧的位置
        indexs = create_index(total_frame_count)
        start = math.ceil(total_frame_count * 0)
        end = total_frame_count - math.ceil(total_frame_count * 0)
        export_count = 1
        rval = True

        if vc.isOpened():
            while rval:
                rval, frame = vc.read()
                if c in indexs:
                    if frame is None:
                        continue

#将提取的图片写入硬盘
                    cv2.imencode('.jpg', frame)[1].tofile(to_dir + '/' + str(export_count) + '.jpg')
                    export_count += 1
                    if export_count > 240:
                        break

                c = c + 1
                cv2.waitKey(1)
    finally:
        vc.release()


def extrat_image_from_videos():
```

```python
def read_log():
    #读取提取视频的日志
    logs=[]
    with open('log.txt',encoding='UTF-8') as f:
        for line in f:
            logs.append(line.replace('\n',''))
    return logs


def write_log(value):
    #写入提取视频的日志
    with open('log.txt',encoding='UTF-8',mode='a') as f:
        f.write(value+'\n')


logs=read_log()
for d in os.listdir('video'):
    for _,dd in enumerate(os.listdir('video/'+d)):
        print(_+1,'video/'+d+'/'+dd)
        for ddd in os.listdir('video/'+d+'/'+dd):
            to_dir='image/'+d+'/'+dd
            mkdirs(to_dir)
            path='video/'+d+'/'+dd+'/'+ddd
            if path in logs:
                continue
            write_log(path)
            if path.lower().endswith('.jpg'):
                shutil.copyfile(path,to_dir+'/'+ddd)
            else:
                to_dir=to_dir+'/'+ddd
                mkdirs(to_dir)
                extrat_image_from_video(path,to_dir)


if __name__=='__main__':
    extrat_image_from_videos()
```

上述程序代码将传入特定目录下的视频逐一进行加载，然后均匀提取240

张图片，结果如图 3-11 所示。

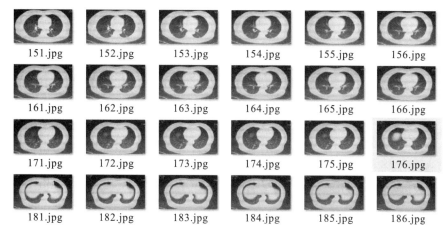

图 3-11　从视频提取的 CT 图片（部分）

3.11　小结

从 docx 文件中提取数据主要是分别解析 docx 文件中的段落与表格。由于段落属于半格式化的数据，在提取操作上比较烦琐，需要使用正则表达式、字符串解析等方法对段落进行逐行解析。特别是对于内容比较复杂的既往史与体格检查，需要大量的程序才能完成对其数据的提取。由于表格数据属于格式化的数据，提取的方式比较简单，只需要使用表头或者表格的特点找到相应表格，然后遍历表格的单元格进行数据提取，就可以对数据进行解析。

第 4 章　将提取的数据导出到 Excel 表

第 3 章介绍了从 docx 文件中提取基本资料、住院信息、出入院诊断、既往史、体格检查、病程记录、医嘱记录、生化检查、影像学检查等数据，本章将介绍如何将提取的数据导出到 Excel 表中，使提取的数据能用于临床数据分析。将数据导出到 Excel 表，主要使用 openpyxl 模块。

4.1　公共方法

由于提取的数据都是导出到 Excel 表，所以会存在很多公共方法，关键的公共方法如下：

（1）open_mywb 方法，打开需要提取的 docx 文件，创建并打开 Excel 表，起到将待提取 docx 文件与待输出 Excel 文件进行关联与准备的作用。

传入 2 个参数：
①source_file：需要提取的 docx 文件。
②target_file：导出 Excel 文件的位置。
返回三个参数：
①efd：提取 docx 使用的对象。
②mywb：创建并打开 Excel 文件。
③base_info：病人的基本信息。
代码如下：

```
def open_mywb(source_file,target_file):
    if os.path.exists(target_file):
        efd=ExtractFromDocx(source_file)
        mywb=openpyxl.load_workbook(target_file)
        base_info=get_common_base_info(None,efd,None)
```

```
        return efd, mywb, base_info
    else:
        mywb=openpyxl.Workbook()
        register_style(mywb)
        mywb.save(target_file)
        return open_mywb(source_file, target_file)
```

（2）insert_line 方法，将提取的信息插入 Excel 表。

传入 5 个参数：

①mywb：创建并打开 Excel 文件。

②title：提取内容的标题。

③base_info：病人的基本信息。

④obj：从 docx 提取的数据。

⑤create_time：创建时间。

代码如下：

```
def insert_line(mywb, title, base_info, obj, create_time):
    if create_time:
        base_info['创建时间']=create_time
    elif not create_time and '创建时间' in base_info.keys():
        del base_info['创建时间']

    sheet_name=find_sheet_name_by_title(title, mywb.sheetnames)
    if not sheet_name:
        sheet_name=create_sheet_include_header(mywb, title, base_info, obj)
    mysheet=mywb[sheet_name]
    index=get_index(mysheet)
    base_info['编号']=index

    for i in range(0, mysheet.max_column):
        field=mysheet[2][i].value
        if i<len(base_info):
            mysheet.cell(row=index+2, column=i+1).value=get_data_from_field(base_info, field)
        else:
            mysheet.cell(row=index+2, column=i+1).value=get_data_from_field(obj, field)
```

在 insert_line 方法中，create_sheet_include_header 方法用于创建表头，代码如下：

```
def create_sheet_include_header(mywb, title, base_info, obj):
    index=len(mywb.sheetnames)
    sheet_name=str(index)+'——'+title
    if not exist_sheet(sheet_name, mywb):
        mywb.create_sheet(sheet_name, -1)
    mysheet=mywb[sheet_name]
    offset=create_header(mysheet, '基本信息', base_info, 0, 'dddddd')
    offset=create_header(mysheet, title, obj, offset, '99FFCC')
    return find_sheet_name_by_title(title, mywb.sheetnames)


def create_header(mysheet, title, obj, offset, color):
    mysheet.cell(row=1, column=offset+1).value=title
    mysheet.cell(row=1, column=offset+1).style='highlight'
    mysheet.cell(row=1, column=offset+1).fill=PatternFill("solid", fgColor=color)

    if offset==0 and '创建时间' in obj.keys():
        mysheet.column_dimensions['F'].width=20

    if offset!=0:
        mysheet.cell(row=1, column=offset+1).alignment=Alignment(horizontal="left")
    mysheet.merge_cells(start_row=1, start_column=offset+1, end_row=1, end_column=offset+len(obj))

    i=0
    for key in obj.keys():
        mysheet.cell(row=2, column=i+offset+1).value=key
        mysheet.cell(row=2, column=i+offset+1).style='center'
        i=i+1
    return offset+len(obj)
```

4.2　基本信息

将从病历提取的基本信息、住院信息导出到基本信息 Excel 表（图 4－1），包括姓名、拼音码、性别、出生日期、年龄、血型、国籍、籍贯、出生地、民族、文化程度、宗教信仰、婚姻状况、证件类型、证件号码、职业、单位、医保类型、RH 型、本市、病人入院时间、病案号、住院次数、管床医师、床号、护理等级、诊疗组、当前科室、当前病区、病情、入院科室、入院病区共计 32 列信息。

A	B	C	D	E	F	G	H	I	J	K	L	M	N	O
基本信息					扩展基本信息									
编号	姓名	病历号	年龄	性别	姓名	拼音码	性别	出生日期	年龄	血型	国籍	籍贯	出生地	民族
1	[illegible]	6427459	[illegible]	男	[illegible]	[illegible]	男	[illegible]	[illegible]		中国	[illegible]	[illegible]	[illegible]
2	[illegible]	6427225	[illegible]	男	[illegible]	[illegible]	男	[illegible]	[illegible]		中国	[illegible]	[illegible]	[illegible]
3	[illegible]	6427131	[illegible]	女	[illegible]	[illegible]	女	[illegible]	[illegible]		中国	[illegible]	[illegible]	[illegible]
4	[illegible]	6426910	[illegible]	男	[illegible]	[illegible]	男	[illegible]	[illegible]		中国	[illegible]	[illegible]	[illegible]
5	[illegible]	6427656	[illegible]	女	[illegible]	[illegible]	女	[illegible]	[illegible]		中国	[illegible]	[illegible]	[illegible]

图 4－1　基本信息（部分）

关键程序代码如下：

```
def export_base_info(target_file, efd, mywb, base_info):
    #获取病人基本信息
    base_info_table=efd.base_info()

    #获取病人住院信息
    hospitalization_info=efd.hospitalization_info()
    table={**base_info_table, **hospitalization_info}
    title='扩展基本信息'

    #将信息插入 Excel 表
    insert_line(mywb, title, base_info, table, None)
    #保存 Excel 表
    mywb.save(target_file)
```

4.3　出入院诊断

将提取的出入院诊断数据导出到 Excel 表（图 4－2），包括编号、姓名、病历号、年龄、性别、入院小结、入院日期、出院小结、出院日期、住院天数、入院科别及转科科别共 11 列信息。

基本信息					出入院诊断					
编号	姓名	病历号	年龄	性别	入院小结	入院日期	出院小结	出院日期	住院天数	入院科别及转科科别
1	[illegible]	[illegible]	[illegible]	男	患者于半	2020年02	病毒性肺	2020年03	24天	[illegible]
2	[illegible]	[illegible]	[illegible]	男	患者十余	2020年02	肺部感染	2020年03	49天	[illegible]
3	[illegible]	[illegible]	[illegible]	女	患者近20	2020年01	病毒性肺		44天	[illegible]
4	[illegible]	[illegible]	[illegible]	男	患者接触	2020年01	社区获得	2020年03	33天	[illegible]
5	[illegible]	[illegible]	[illegible]	女	患者配偶	2020年02	新型冠状	2020年03	31天	[illegible]

图 4-2 出入院诊断（部分）

关键程序代码如下：

```
def export_outbound_diagnosis(target_file, efd, mywb, base_info):
    #获取病人的出入院诊断
    tables=efd.outbound_diagnosis()

    #将出入院诊断插入表格
    for t in tables:
        title='出入院诊断'
        insert_line(mywb, title, base_info, t, None)

    #保存 Excel 表格
    mywb.save(target_file)
```

4.4 既往史

将提取的既往史数据导出到 Excel 表（图 4-3），包括病案号、姓名、年龄、分类名称、项目、描述共 6 列信息。分类名称包括过敏史、既往史、婚育史、家族史、手术外伤史、输血史等。项目为各种分类下的检查方面，如既往史有平素健康状况、呼吸系统疾病、循环系统疾病、消化系统疾病、泌尿系统疾病、血液系统疾病等。描述指对每种情况的具体描述，如吸烟史描述为有或无。

	病案号	姓名	年龄	分类名称	项目	描述
0	[illegible]	[illegible]	[illegible]	过敏史	过敏史	
1	[illegible]	[illegible]	[illegible]	既往史	平素健康	
2	[illegible]	[illegible]	[illegible]	过敏史	过敏史	无
3	[illegible]	[illegible]	[illegible]	婚育史	婚育情况	已婚。育有
4	[illegible]	[illegible]	[illegible]	家族史	父	
5	[illegible]	[illegible]	[illegible]	手术外伤	手术	无
6	[illegible]	[illegible]	[illegible]	手术外伤	外伤	无
7	[illegible]	[illegible]	[illegible]	输血史	输血	无
8	[illegible]	[illegible]	[illegible]	过敏史	过敏史	
9	[illegible]	[illegible]	[illegible]	既往史	平素健康	
10	[illegible]	[illegible]	[illegible]	既往史	平素健康	良好
11	[illegible]	[illegible]	[illegible]	既往史	呼吸系统	无
12	[illegible]	[illegible]	[illegible]	既往史	循环系统	无
13	[illegible]	[illegible]	[illegible]	既往史	消化系统	无
14	[illegible]	[illegible]	[illegible]	既往史	泌尿系统	无
15	[illegible]	[illegible]	[illegible]	既往史	血液系统	无

图 4-3　既往史（部分）

关键程序代码如下：

```
def export_past_medical_history():
    data={'病案号': [],'姓名': [],'年龄': [],'分类名称': [],'项目': [],'描述': []}
    for_, name in enumerate(os.listdir('docx/格式1')):
        if name.endswith('.txt'):
            continue
        print(_, name)
        #if_<340:
        #      continue
        source_file='docx/格式1/%s' % name
        docx=ExtractFromDocx(source_file)
        person=docx.person_info()
        hospitalization_info=docx.hospitalization_info()
        table=docx.past_medical_history()
        for key, value in table.items():
            data['病案号'].append(hospitalization_info['病案号'])
            data['姓名'].append(person['姓名'])
            data['年龄'].append(person['年龄'])
            data['分类名称'].append(key.split(':')[0])
            data['项目'].append(key.split(':')[1])
            data['描述'].append(value)
    pd.DataFrame(data).to_excel('excel/既往史.xlsx')
```

4.5 体格检查

将提取的体格检查数据导出到 Excel 表（图 4-4），包括病案号、姓名、年龄、分类名称、项目、描述共 6 项信息。分类名称包含各项体格检查的部位，如生命体征，一般情况，皮肤、黏膜情况等。项目包含具体部位的检查项，如体温、脉搏、呼吸、血压、发育、营养等。描述是对具体检查项的说明，如温度为 36.5℃、脉搏为 73、呼吸为 20 等。

	病案号	姓名	年龄	分类名称	项目	描述
0				生命体征	体温	36.5
1				生命体征	脉搏	73
2				生命体征	呼吸	20
3				生命体征	血压	120/78
4				一般情况	发育	正常
5				一般情况	营养	良好
6				一般情况	表情	自如
7				一般情况	检查合作	是
8				一般情况	体型	正力型
9				一般情况	步态	正常
10				一般情况	体位	自动体位
11				一般情况	神志	清楚
12				皮肤、黏	色泽	正常
13				皮肤、黏	皮疹类型	无
14				皮肤、黏	皮下出血	无
15				皮肤、黏	水肿部位	无

图 4-4　格检查（部分）

关键程序代码如下：

```
def export_health_checkup():
    data={'病案号':[],'姓名':[],'年龄':[],'分类名称':[],'项目':[],'描述':[]}
    for _,name in enumerate(os.listdir('docx/格式1')):
        if name.endswith('.txt'):
            continue
        print(_,name)
        if name.startswith('_'):
            continue
```

```
#if_<330:
#    continue
source_file='docx/格式1/%s' % name
docx=ExtractFromDocx(source_file)
person=docx.person_info()
hospitalization_info=docx.hospitalization_info()
table=docx.health_checkup()
for key,value in table.items():
    data['病案号'].append(hospitalization_info['病案号'])
    data['姓名'].append(person['姓名'])
    data['年龄'].append(person['年龄'])
    data['分类名称'].append(key.split(':')[0])
    data['项目'].append(key.split(':')[1])
    data['描述'].append(value)
pd.DataFrame(data).to_excel('excel/体格检查.xlsx')
```

4.6 病程记录

将提取的病程记录数据导出到 Excel 表（图 4-5），包括编号、姓名、病历号、年龄、性别、名称、医生、创建者、创建时间、内容共 10 项。

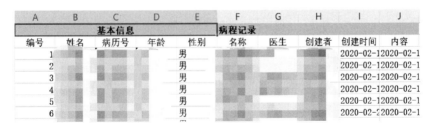

图 4-5 病程记录（部分）

关键程序代码如下：

```
def export_progress_note(target_file,efd,mywb,base_info):
    # 获取病程记录
    tables=efd.progress_note()
```

```
#将病程记录导出到 Excel
for t in tables:
    title='病程记录'
    insert_line(mywb, title, base_info, t, None)

#保存 excel 文件
mywb.save(target_file)
```

4.7 医嘱记录

将提取的医嘱记录数据导出到 Excel 表（图 4−6），包括编号、姓名、病历号、年龄、性别、开始时间、医嘱类型、医嘱内容、剂量、下达人、执行时间、执行人、状态共 13 列信息。

基本信息					护理记录							
编号	姓名	病历号	年龄	性别	开始时间	医嘱类型	医嘱内容	剂量	下达人	执行时间	执行人	状态
1				男	2020-02-1	长期	呼吸内科常规护理			2020-02		停止医嘱
2				男	2020-02-1	长期	更换尿袋			2020-02		停止医嘱
3				男	2020-02-1	长期	尿道口护理			2020-02-		停止医嘱
4				男	2020-02-1	长期	Ⅰ级护理			2020-02-		停止医嘱
5				男	2020-02-1	长期	低盐低脂普通饮食			2020-02-		停止医嘱
6				男	2020-02-1	长期	指脉氧监测			2020-02-		停止医嘱
7				男	2020-02-1	长期	保护性隔离护理			2020-02-		停止医嘱
8				男	2020-02-1	长期	奥司他韦胶囊	75		2020-02-1		停止医嘱
9				男	2020-02-1	长期	留置导尿			2020-02-1		停止医嘱
10				男	2020-02-1	长期	莫西沙星氯化钠针	400		2020-02-1		停止医嘱
11				男	2020-02-1	长期	0.9%氯化钠注射液	10		2020-02-1		停止医嘱
12				男	2020-02-1	长期	└甲泼尼龙针（甲强	40		2020-02-1		停止医嘱
13				男	2020-02-1	临时	超敏C反应蛋白					下达/新增
14				男	2020-02-1	临时	大便检查（仪器法）					下达/新增
15				男	2020-02-1	临时	红细胞沉降率					下达/新增

图 4−6　医嘱记录（部分）

关键程序代码如下：

```
def export_nn(target_file, efd, mywb, base_info):
    #获取医嘱记录
    tables=efd.nn()

    #将医嘱记录输出到 excel 文件
    for t in tables:
        title='医嘱记录'
        insert_line(mywb, title, base_info, t, None)
    mywb.save(target_file)
```

4.8　生化检查

将提取的生化检查数据输出到 Excel 表（图 4−7），共 47 种检查表，包括血气检查、超敏 C 反应蛋白、生化全套 2、心肌酶六项、心梗三项、新型冠状病毒核酸检测、全血细胞计数+五分类、B−型脑尿钠肽、凝血全套 1、红细胞沉降率、七项呼吸道病毒检测（免疫荧光法）、结核感染 T 细胞检测、尿干化学+尿有形成份分析、凝血常规、血浆 D−二聚体测定（D−Dimer）、降钙素原测定（定量）、心肌酶五项、肾功能五项、电解质测定五项、肝功能八项、CT、血清肌钙蛋白 I 测定（化学发光法）、淋巴细胞亚群分析（TBNK）、炎症组合−PCT、炎症组合−IL6、免疫全套、肝功能十四项、肾功能六项、糖化血红蛋白、甲功三项、肺炎衣原体抗体检测（IgG+IgM）、肺炎支原体抗体检测（IgG+IgM）、呼吸道 7 项病原快速检测、大便检查（仪器法）、肾功能九项、肝功能十五项、凝血全套 2、肝功能十一项、血清肌红蛋白测定（化学发光法）、血脂七项、抗核抗体全套、糖类抗原 199、糖类抗原 125、癌胚抗原测定（CEA）、甲胎蛋白、血管炎筛查、抗中性粒细胞胞浆抗体测定（ANCA），每种检查表中根据检查项目不同有多项检查指标。

A	B	C	D	E	F	G	H	I	J	K	L	M
基本信息						血气检查						
编号	姓名	病历号	年龄	性别	创建时间	pH值 7.35～7.45	CO_2分压 mmHg 35～45	O_2分压 mmHg 80～100	二氧化碳总量（TCO_2）mmol/L 24～32	标准碳酸氢盐（HCO_3^- std）mmol/L 21～25	细胞外液剩余碱（BEecf）mmol/L -3～3	全血剩余碱(BE) mmol/L -3～3
1				男	2020-02-14 07:50	7.39	31.00	124.00	19.80	20.90	-6.20	-5.20
2				男	2020-02-21 09:52	7.42	37.00	74.00	25.10	24.70	-0.50	-0.30
3				男	2020-02-26 09:04	7.45	39.00	84.00	28.30	27.20	3.10	3.00
4				男	2020-02-17 13:13	7.46	47.00	166.00	34.80	31.60	9.60	8.50
5				女	2020-02-10 15:23	7.45	34.00	116.00	24.60	24.70	-0.40	-0.40
6				男	2020-02-11 12:46	7.31	50.00	150.00	26.70	23.70	-1.10	-1.60
7				女	2020-02-23 05:34	7.50	39.00	102.00	31.60	30.20	7.20	6.70

图 4−7　生化检查（部分）

关键程序代码如下：

```
def export_inspection_result(target_file, efd, mywb, base_info):
    #获取生化指标检查数据
        tables=efd.inspection_result()

    #将数据导出到 Excel
        for t in tables:
```

```
        title=t['名称']
    insert_line(mywb,title,base_info,t,None)

#保存 excel 文件
    mywb.save(target_file)
```

4.9 小结

将 docx 提取的数据导出到 Excel 表，仅需要编写这样一个程序：一边连接着第 3 章中从 docx 提取数据的程序，获取提取的结果；另一边连接着 Excel，使用创建表头与插入行两个关键的公共方法即可将 docx 提取的数据导出到 Excel 表中。

从 docx 中提取程序主要使用了 python-docx 模块与正则表达式解析 docx 文件，导出数据到 Excel 表主要使用 openpyxl 模块创建 Excel 表格，并将数据写入 Excel 单元格。

第5章 数据清洗及变换

本书2.6节的pandas部分已经介绍过空值的处理方法,这是一种数据清洗的重要方法。除此之外还有很多其他数据清洗及变换方法。由于收集数据时,系统或人为的因素会引入一些异常数据,异常数据会影响后期的数据分析,所以需要将数据进行清洗,将数据中存在的异常数据进行修正或剔除。在进行数据清洗时,首先要能识别哪些数据是异常数据,然后再利用一定的算法尝试修正异常数据。如果尝试修正异常数据失败,则将这些数据剔除。

5.1 发现异常数据

5.1.1 按数据占比发现异常数据

异常数据在总体数据中的占比是较小的,故从总体数据中筛选出占比较小的数据有利于数据清洗,这些小占比的数据是清洗的重点。程序代码如下:

```
def cal_sum(summary_df):
    sum_=0
    for index,value in summary_df.iteritems():
        sum_=sum_+value
    return sum_

def create_concept_summary(df):
    data={'列名':[],'数据':[],'样本量':[],'占比':[]}

    ♯对表格的每列数据进行处理
    for column in df.columns:
```

```python
    #按列进行分组,并按组内数组降序排列
    summary_df=df.groupby(column).size().sort_values(ascending=True)

    #计算每列中数据的总数
    sum_=cal_sum(summary_df)

    #分别对各分组进行计算
    for index,value in summary_df.iteritems():
        data['列名'].append(column)
        data['数据'].append(index)
        data['样本量'].append(value)

        #计算占比
        data['占比'].append(round(value / sum_,4))
    return pd.DataFrame(data)

if __name__=='__main__':
    df=pd.DataFrame({
        '姓名':['张三','李四','王五','赵六','钱七','孙八','周九','吴十','郑十一'],
        '性别':['男','女','男','女','男','女1','女','男','女'],
        '年龄':[54,25,36,44,35,60,44,76,33],
    })

    df=create_concept_summary(df)
    print(df)
```

结果输出为:

	列名	数据	样本量	占比
0	姓名	吴十	1	0.1111
1	姓名	周九	1	0.1111
2	姓名	孙八	1	0.1111
3	姓名	张三	1	0.1111
4	姓名	李四	1	0.1111
5	姓名	王五	1	0.1111

6	姓名	赵六	1	0.1111
7	姓名	郑十一	1	0.1111
8	姓名	钱七	1	0.1111
9	性别	女1	1	0.1111
10	性别	女	4	0.4444
11	性别	男	4	0.4444
12	年龄	25	1	0.1111
13	年龄	33	1	0.1111
14	年龄	35	1	0.1111
15	年龄	36	1	0.1111
16	年龄	54	1	0.1111
17	年龄	60	1	0.1111
18	年龄	76	1	0.1111
19	年龄	44	2	0.2222

上述程序代码将各列数据进行了占比分析，从表中可以清晰地看出性别为"女1"的数据是异常数据（性别男占 0.4444，性别女占 0.4444，性别"女1"占 0.1111，性别"女1"占比最小）。

5.1.2 按离群值发现异常数据

对于定量数据，离群值一般可能是异常数据，所以可以编写程序检测离群值进而发现异常数据。离群值的判定，通常将偏移 3 倍四分位间距的数值判定为离群值，但离群值到底是不是异常数据，需要从专业的角度做进一步确认。程序代码如下：

```
def drop_outlier(dataset):
    """偏移3倍四分位间距的数值为离群值"""
    rate=3

    #计算四分位25位置的数值
    q1=np.percentile(dataset,25)

    #计算四分位75位置的数值
    q3=np.percentile(dataset,75)

    #计算四分位间距的3倍距离
```

```python
            iqr = (q3 - q1) * rate
            upper = q3 + iqr
            low = q1 - iqr
            new_data = []
            for d in dataset:
                # 保留在四分位间距3倍内的数据
                if low <= d <= upper:
                    new_data.append(d)
            return new_data

if __name__ == '__main__':
    df = pd.DataFrame({
        '姓名': ['张三','李四','王五','赵六','钱七','孙八','周九','吴十','郑十一'],
        '性别': ['男','女','男','女','男','女1','女','男','女'],
        '年龄': [54,25,36,44,35,60,44,76,300],
    })

    # 求两个集合的差值
    data = set(df['年龄'].to_list()) - set(drop_outlier(df['年龄']))
    print(data)
```

上述程序代码将数据的年龄进行离群值检测，结果发现年龄中存在一个值为"300"的数据为异常数据。drop_outlier 方法是将传入的数据集 dataset 中的离群值直接去除掉。在希望输出离群值时，需要使用集合的差值算法，将原数据中的正常数据排除，剩下的就是离群值数据。

5.2　对数字进行修复

对于定量的列，在收集数据阶段可能由于输入错误产生异常数据。例如对于年龄这一列数据，正常数据都是数字，当有一个数据不小心写成了"60岁"，就需要采取数据提取的方式对数据进行修复。程序代码如下：

```python
def fix_number(df, column):
```

```python
    #将传入的每个数据进行处理
    for i,value in enumerate(df[column]):

        #将数据两头的空白去掉
        value=str(value).strip()

        #如果在数据里能找到数字,则进行数据提取
        if value!='nan' and re.match('^[+-]?\d+\.?\d*$',str(value)) is None:
            finds=re.findall('[-]?\d+\.?\d*',value)
            if len(finds)==1:
                df=df.reset_index()
                df.loc[i,column]=finds[0] if not finds[0].endswith('.') else finds[0][:-1]
                df=df.set_index(df.columns[0])
            else:
                df.loc[i,column]=np.NaN
    return df

if __name__=='__main__':
    df=pd.DataFrame({
        '姓名':['张三','李四','王五','赵六','钱七','孙八','周九','吴十','郑十一'],
        '性别':['男','女','男','女','男','女','女','男','女'],
        '年龄':[54,25,36,44,35,'60岁',44,76,30],
    })

    df=fix_number(df,'年龄')
    print(df)
```

结果输出为:

index	姓名	性别	年龄
0	张三	男	54
1	李四	女	25
2	王五	男	36
3	赵六	女	44

4	钱七	男	35
5	孙八	女	60
6	周九	女	44
7	吴十	男	76
8	郑十一	女	30

上述程序代码中，原来 9 个样本的数据，孙八的年龄写成了"60 岁"，采用 fix_number 进行修复后数据结果正常。在 fix_number 中采用的算法主要是通过正则表达式检测数字，如果发现不符合数字格式的数据，采用匹配数字的正则表达式从中提取数字，最终完成数据修复。

5.3 对日期进行修复

由于日期格式表达的多样化，在收集日期类数据时会产生众多的表达方式，如 2021-5-8、2021 年 5 月 8 日、2021.5.8，甚至"2021。5。8"这种错误的写法。对于这些数据，需要统一进行修复，才方便下一阶段的数据分析，程序代码如下：

```python
def fix_date(df,column):
    def convert_num(list):
        dict1={'1': '01','2': '02','3': '03','4': '04','5': '05','6': '06','7': '07','8': '08','9': '09'}
        for num in list:
            for k,v in dict1.items():
                if num==v:
                    list[list.index(num)]=k
        return list
    for i,value in enumerate(df[column]):
        value=str(value).strip()
        if value=='nan' or value=='NaT':
            continue
        if re.match('\d{4}\s*.*\s*\d{1,2}\s*.*\s*\d{1,2}',str(value)) is not None:
            df=df.reset_index()
            list=convert_num(re.findall('\d+',value))
            df.loc[i,column]="-".join(str(i) for i in list)
```

```
            # df.loc[i,column]='-'.join(re.findall('(\d{4})\s*.*\s*(\d{1,2})\s*.*
\s*(\d{1,2})',value)[0])
            df=df.set_index(df.columns[0])
        else:
            raise Exception('[%s][%s]行数据为[%s],格式不正确' % (column,i+
1,value))
    return df


if __name__=='__main__':
    df=pd.DataFrame({
        '姓名':['张三','李四','王五','赵六','钱七','孙八','周九','吴十','郑十一'],
        '性别':['男','女','男','女','男','女','女','男','女'],
        '年龄':[54,25,36,44,35,60,44,76,30],
        '入院时间':['2021-4-13','2021.4.13','2021.4.13','2021 4 13','2021-4-13',
'2021-4--13','2021年4月13','2021年4月13日','2021-4-13']
    })

    df=fix_date(df,'入院时间')
    print(df)
```

结果输出为：

index	姓名	性别	年龄	入院时间
0	张三	男	54	2021-4-13
1	李四	女	25	2021-4-13
2	王五	男	36	2021-4-13
3	赵六	女	44	2021-4-13
4	钱七	男	35	2021-4-13
5	孙八	女	60	2021-4-13
6	周九	女	44	2021-4-13
7	吴十	男	76	2021-4-13
8	郑十一	女	30	2021-4-13

上述程序代码中，观察"入院时间"这一列数据，发现数据格式五花八门，通过 fix_date 方法进行修复后观察输出结果，发现日期格式已经全部被统一。fix_date 的主要算法是通过正则表达式进行日期数据提取，然后将日期数

据统一为同一格式进行输出。

5.4 将日期转换为季节

在进行数据分析时，日期数据经常需要转换为季节数据，以帮助研究季节对疾病的影响。程序代码如下：

```python
def qualitative_by_season(series):
    """按季节定性"""
    seasons=[]
    for item in series:
        month=int(item.split('-')[1])
        if month in [3,4,5]:
            seasons.append('春')
        elif month in [6,7,8]:
            seasons.append('夏')
        elif month in [9,10,11]:
            seasons.append('秋')
        elif month in [12,1,2]:
            seasons.append('冬')
        else:
            seasons.append(np.NaN)

    return seasons

if __name__=='__main__':
    df=pd.DataFrame({
        '姓名':['张三','李四','王五','赵六','钱七','孙八','周九','吴十','郑十一'],
        '性别':['男','女','男','女','男','女','女','男','女'],
        '年龄':[54,25,36,44,35,60,44,76,30],
        '入院时间':['2021-4-13','2021-4-23','2021-5-13','2021-5-13','2021-6-13','2021-7-13','2021-8-13','2021-9-13','2021-12-13']
    })
```

```
df['入院季节']=qualitative_by_season(df['入院时间'])
print(df)
```

结果输出为：

	姓名	性别	年龄	入院时间	入院季节
0	张三	男	54	2021-4-13	春
1	李四	女	25	2021-4-23	春
2	王五	男	36	2021-5-13	春
3	赵六	女	44	2021-5-13	春
4	钱七	男	35	2021-6-13	夏
5	孙八	女	60	2021-7-13	夏
6	周九	女	44	2021-8-13	夏
7	吴十	男	76	2021-9-13	秋
8	郑十一	女	30	2021-12-13	冬

上述程序代码中的入院时间为4月到12月，通过qualitative_by_season将入院时间数据转换为季节数据，然后新增一列"入院季节"进行保存。qualitative_by_season的算法主要为从入院时间数据中截取月份数据，然后判断该月份属于哪个季节。

5.5 数据分组

在进行数据分析时，往往需要对数据进行分组，如按年龄将数据分成青年组与老年组，分别用1和2代替，程序代码如下：

```
def compare(x,compare_str):
    """判断 x 是否在 compare_str 的范围内 """

    def find_one_number(value):
        return float(re.findall('\d+',value)[0])

    def find_two_number(value):
        finds=re.findall('(\d+)[><=x]+(\d+)',value)
        return float(finds[0][0]),float(finds[0][1])
```

```python
    if re.match('^x>\d+$', compare_str):
        value = find_one_number(compare_str)
        if x > value:
            return True
    elif re.match('^x<\d+$', compare_str):
        value = find_one_number(compare_str)
        if x < value:
            return True
    elif re.match('^\d+<x<\d+$', compare_str):
        value1, value2 = find_two_number(compare_str)
        if value1 < x < value2:
            return True
    elif re.match('^x>=\d+$', compare_str):
        value = find_one_number(compare_str)
        if x >= value:
            return True
    elif re.match('^x<=\d+$', compare_str):
        value = find_one_number(compare_str)
        if x <= value:
            return True
    elif re.match('^\d+<=x<=\d+$', compare_str):
        value1, value2 = find_two_number(compare_str)
        if value1 <= x <= value2:
            return True
    elif re.match('^\d+<x<=\d+$', compare_str):
        value1, value2 = find_two_number(compare_str)
        if value1 < x <= value2:
            return True
    elif re.match('^\d+<=x<\d+$', compare_str):
        value1, value2 = find_two_number(compare_str)
        if value1 <= x < value2:
            return True

    return False
```

```python
def qualitative_by_section(series, qualitative_info):
    result = []
    for x in series:
        is_find = False
        for item in qualitative_info:
            if compare(x, item[0]):
                result.append(item[1])
                is_find = True
        if not is_find:
            result.append(np.NaN)
    return result

if __name__ == '__main__':
    df = pd.DataFrame({
        '姓名': ['张三','李四','王五','赵六','钱七','孙八','周九','吴十','郑十一'],
        '性别': ['男','女','男','女','男','女','女','男','女'],
        '年龄': [54,25,36,44,35,66,44,76,80]
    })

    df['年龄(定性)'] = qualitative_by_section(df['年龄'], [['x<60',1],['x>=60',2]])
    print(df)
```

结果输出为：

```
   姓名   性别  年龄  年龄(定性)
0  张三   男    54   1
1  李四   女    25   1
2  王五   男    36   1
3  赵六   女    44   1
4  钱七   男    35   1
5  孙八   女    66   2
6  周九   女    44   1
7  吴十   男    76   2
8  郑十一  女    80   2
```

上述程序代码使用 qualitative_by_section 方法将年龄小于 60 岁的设置为

1，大于等于 60 岁的设置为 2。quanlitative_by_section 算法的关键在于通过正则表达式解析传入的字符串类型的条件表达式，在 compare 方法中使用大量 if 判断将条件表达式的各种情况都做了解析。然后判断年龄的值是否满足该条件表达式，如果满足则设置为该条件表达式对应的数字，从而实现数据的分组。

5.6 统一单位

在收集数据时，通常会发生单位不统一的情况，如住院时间可能为 1 天、1 周、1 月，在开展数据分析之前需要将这些单位进行统一，程序代码如下：

```python
def convert_unit(df, rule):
    """统一单位"""
    def trans(s):
        """转换数字"""
        digit = {'一': 1, '二': 2, '两': 2, '三': 3, '四': 4, '五': 5, '六': 6, '七': 7, '八': 8, '九': 9, '半': 0.5}
        num = 0
        idx_s = s.find('十')
        if idx_s != -1:
            num += digit.get(s[idx_s-1: idx_s], 1) * 10
        if s[-1] in digit:
            num += digit[s[-1]]
        return num

    def trans_chn_num(values):
        new_num = []
        for v in values:
            v = str(v)
            chn_num = ''.join(re.findall('[一二三四五六七八九十半两]+', v))
            unit = v.replace(chn_num, '').strip()
            if chn_num != '':
                transform = str(trans(chn_num)) + unit
                new_num.append(transform)
            else:
```

```python
            new_num.append(v)
    return pd.Series(name=values.name, data=new_num)

def convert(values, rule):
    new_values=[]
    #对每个数字进行处理
    for v in values:
        v=str(v)

        #提取数字
        num=''.join(re.findall('[-+]?\d+\.?\d*', v))

        #提取单位
        unit=v.replace(num,'').strip()
        is_match=False
        for k, vv in rule.items():
            num1=''.join(re.findall('[-+]?\d+\.?\d*', k))
            kk=k.replace(num1,'').strip()
            if unit==kk:
                #将提取的数字乘上相应单位的进率
                new_values.append(get_value(v) * get_value(vv))
                is_match=True
        if not is_match:
            for k, vv in rule.items():
                num2=''.join(re.findall('[-+]?\d+\.?\d*', vv))
                unit1=vv.replace(num2,'').strip()
                if unit==unit1:
                    v=num
                else:
                    v=v
            new_values.append(v)
```

```python
                        return pd.Series(name=values.name, data=new_values)

                    def get_value(value):
                        finds = re.findall('[-]?\d+\.?\d*', value)
                        if len(finds) == 1:
                            return float(finds[0] if not ''.endswith('.') else finds[0][:-1])
                        raise Exception('从[%s]不能找到数字' % value)

                    def convert_rule(rule):
                        new_rule = {}
                        for d in rule:
                            new_rule.update(d)
                        return new_rule

                    rule = convert_rule(rule)

    # 将中文描述的数字,转换为阿拉伯数字
    df = df.apply(lambda values: trans_chn_num(values))

    # 执行单位换算
    df = df.apply(lambda values: convert(values, rule))
    return df


if __name__ == '__main__':
    df = pd.DataFrame({
        '姓名': ['张三','李四','王五','赵六','钱七','孙八','周九','吴十','郑十一'],
        '性别': ['男','女','男','女','男','女','女','男','女'],
        '年龄': [54, 25, 36, 44, 35, 66, 44, 76, 80],
        '住院时间': ['5天','1周','2月','10天','2周','5天','10天','1月','10周']
    })

    df = convert_unit(df, [{'1周': '7天', '1月': '30天'}])
    print(df)
```

输出结果为：

	姓名	性别	年龄	发病时间
0	3张	男	54	5
1	4李	女	25	7
2	5王	男	36	60
3	6赵	女	44	10
4	7钱	男	35	14
5	8孙	女	66	5
6	63	女	44	10
7	10吴	男	76	30
8	11郑	女	80	70

由上述程序代码可知，住院日期的单位有天、周、月，在数据分析之前最好全部统一为天。调用 convert_unit 方法，传入时间换算的进率，如 1 周等于 7 天，1 月等于 30 天。通过 convert_unit 方法的换算后，可以看到输出结果中时间单位已经被换算为天。

5.7　去除重复数据

从数据行观察，如果发现某些行数据是完全重复的，那么只能保留一行，将其他重复的行删除掉，程序代码如下：

```
df=pd.DataFrame({
    '姓名':['张三','张三','王五','张三','钱七','孙八','周九','吴十','郑十一'],
    '性别':['男','男','男','男','男','女','女','男','女'],
    '年龄':[54,54,36,54,35,66,44,76,80],
    '住院时间':['5天','5天','2月','5天','2周','5天','10天','1月','10周']
})
print(df)
print(df.drop_duplicates())
```

第一个 print 输出结果为：

	姓名	性别	年龄	住院时间
0	张三	男	54	5天
1	张三	男	54	5天

2	王五	男	36	2月
3	张三	男	54	5天
4	钱七	男	35	2周
5	孙八	女	66	5天
6	周九	女	44	10天
7	吴十	男	76	1月
8	郑十一	女	80	10周

第二个 print 输出结果为：

	姓名	性别	年龄	住院时间
0	张三	男	54	5天
2	王五	男	36	2月
4	钱七	男	35	2周
5	孙八	女	66	5天
6	周九	女	44	10天
7	吴十	男	76	1月
8	郑十一	女	80	10周

从上述程序可以看出，第一个 print 输出的结果中第 0、1、3 行是重复的数据。在使用 drop_duplicates 方法进行数据去重后，观察第二个 print 输出的结果可以发现多余的第 1、3 行数据已经被去除。

5.8 拆分列

在收集数据的过程中，某些指标会由于习惯性写法被填写到一个单元格里。比如血压由收缩压与舒展压构成，通常会写成 100/70 这种形式。这时就需要将这种数据分成两列才能进行数据分析。程序代码如下：

```
df=pd.DataFrame({
    '姓名':['张三','李四','王五','赵六','钱七','孙八','周九','吴十','郑十一'],
    '性别':['男','女','男','女','男','女','女','男','女'],
    '年龄':[54,25,36,44,35,66,44,76,80],
    '血压':['100/70','110/80','103/74','106/78','120/90','110/71','108/79','108/78','105/75']
})
```

```
df['收缩压']=df['血压'].str.split('/',expand=True)[0]
df['舒展压']=df['血压'].str.split('/',expand=True)[1]
print(df)
```

结果输出为：

```
   姓名  性别  年龄  血压      收缩压  舒展压
0  张三  男   54  100/70  100  70
1  李四  女   25  110/80  110  80
2  王五  男   36  103/74  103  74
3  赵六  女   44  106/78  106  78
4  钱七  男   35  120/90  120  90
5  孙八  女   66  110/71  110  71
6  周九  女   44  108/79  108  79
7  吴十  男   76  108/78  108  78
8  郑十一 女  80  105/75  105  75
```

上述程序代码中，血压这一列数据全部由"收缩压/舒展压"这种形式书写，在调用 str.split 方法将数据进行拆分后，新建收缩压、舒展压两列来填入相应的数据。从输出的结果可以看到，血压数据已经被成功拆分。

5.9 列间的数值计算

如果分析的数据是需要进行计算才能产生的，就涉及列间的数值计算。如出院日期减入院日期可以得到住院天数，程序代码如下：

```
df=pd.DataFrame({
    '姓名':['张三','李四','王五','赵六','钱七','孙八','周九','吴十','郑十一'],
    '性别':['男','女','男','女','男','女','女','男','女'],
    '年龄':[54,25,36,44,35,66,44,76,80],
    '入院日期':['2021-04-14','2021-04-05','2021-04-16','2021-04-11','2021-04-07','2021-04-24','2021-04-26','2021-04-11','2021-04-13'],
    '出院日期':['2021-05-12','2021-06-05','2021-05-26','2021-07-21','2021-05-17','2021-05-14','2021-05-16','2021-05-21','2021-06-13']
})
```

```
df['住院天数'] = pd.to_datetime(df['出院日期']) - pd.to_datetime(df['入院日期'])
df['住院天数'] = df['住院天数'].apply(lambda item: item.days)
print(df)
```

结果输出为：

	姓名	性别	年龄	入院日期	出院日期	住院天数
0	张三	男	54	2021-04-14	2021-05-12	28
1	李四	女	25	2021-04-05	2021-06-05	61
2	王五	男	36	2021-04-16	2021-05-26	40
3	赵六	女	44	2021-04-11	2021-07-21	101
4	钱七	男	35	2021-04-07	2021-05-17	40
5	孙八	女	66	2021-04-24	2021-05-14	20
6	周九	女	44	2021-04-26	2021-05-16	20
7	吴十	男	76	2021-04-11	2021-05-21	40
8	郑十一	女	80	2021-04-13	2021-06-13	61

上述程序代码在计算时，不能直接使用"df['出院日期']-df['入院日期']"的方式计算住院天数。因为df['出院日期']或df['入院日期']得到的数据是str类型的，str类型的数据不能做减法。故需要使用pd.to_datetime()方法将str类型的数据转换为时间类型的数据，才能做减法，最终得到住院天数。在住院天数的数据上运行apply方法是为了从住院天数时间对象中获取数值。如果不进行这步操作，得到的结果中住院天数将多出days这个单词，这样的数据是不能做统计学分析的：

	姓名	性别	年龄	入院日期	出院日期	住院天数
0	张三	男	54	2021-04-14	2021-05-12	28 days
1	李四	女	25	2021-04-05	2021-06-05	61 days
2	王五	男	36	2021-04-16	2021-05-26	40 days
3	赵六	女	44	2021-04-11	2021-07-21	101 days
4	钱七	男	35	2021-04-07	2021-05-17	40 days
5	孙八	女	66	2021-04-24	2021-05-14	20 days
6	周九	女	44	2021-04-26	2021-05-16	20 days
7	吴十	男	76	2021-04-11	2021-05-21	40 days
8	郑十一	女	80	2021-04-13	2021-06-13	61 days

5.10 非正态数据到正态数据的变换

当待分析的数据是非正态数据时，可使用变量变换的方法，将非正态分布的数据转化为正态分布或近似正态分布的数据。常用的变量变换方法有对数变换、平方根变换、倒数变换、平方根反正弦变换等，应根据数据的性质选择适当的变量变换方法。下面以对数变换为例编写程序：

```
df=pd.DataFrame({
    '姓名':['张三','李四','王五','赵六','钱七','孙八','周九','吴十','郑十一'],
    '性别':['男','女','男','女','男','女','女','男','女'],
    '年龄':[54,25,36,44,35,66,44,76,80],
    '住院时间':['5天','1周','2月','10天','2周','5天','10天','1月','10周']
})

df['年龄']=df['年龄'].apply(lambda item: math.log(item))
print(df)
```

结果输出为：

```
   姓名  性别       年龄  住院时间
0  张三   男   3.988984   5天
1  李四   女   3.218876   1周
2  王五   男   3.583519   2月
3  赵六   女   3.784190  10天
4  钱七   男   3.555348   2周
5  孙八   女   4.189655   5天
6  周九   女   3.784190  10天
7  吴十   男   4.330733   1月
8  郑十一  女   4.382027  10周
```

上述程序调用了 pandas 的 apply 方法，在 apply 方法中使用 math 模块的求对数方法，对年龄这一列数据进行对数变换。由最后的结果输出可以看到，年龄这一列数据已经完成了对数变换。

5.11 小结

在进行数据清洗的过程中，可能遇到很多情况。但只要注意观察数据的规律，使用正则表达式配合程序逻辑控制，即可完成异常数据的发现及清洗。在数据少量时使用程序清洗数据的好处还不凸显。假如数据量达到几万、几十万甚至上百万时，不借助程序而使用传统人工清洗数据的方式，则是一个不可能完成的任务。

在数据清洗完成后，往往需要根据数据分析的要求对数据列进行数据变换。借助 Python 相关科学计算库的方法及自定义方法，结合 pandas 的 apply 方法可以便捷地完成这一任务。

第 6 章 疼痛病数据提取实例

本章将使用 Python 及其类库 pandas/re 从检查表、评分表、医嘱表、手术表四种表共计几十万行数据中获取 89 列可用于统计分析的数据。其中，用 pd.read_excel 读取 Excel 文件，用 pd.contact 实现多表的纵向连接，用 pd.merge 实现多表的横向连接，用 pd.query 进行数据过滤，用 pd.iloc 对需要的列进行选择，用 pd.to_excel 实现最终 Excel 结果的导出。

6.1 原始数据情况及提取思路

本章使用的疼痛病数据信息是从关系型数据库导出的 Excel 数据，包括 1 张手术表、1 张检查表、1 张评分表、5 张医嘱表，共 4 种类型的 Excel 表（图 6-1）。其中，手术表表头为病人 ID、住院次数、医生填写的手术名称、标准手术名称、创伤级别、手术日期、麻醉方法、手术医师、手术一助、麻醉医师、手术级别、入院日期、出院日期（图 6-2），检查表表头为病人 ID、住院次数、入院时间、出院时间、检查类别、检查子类、检查所见、印象（图 6-3），评分表表头为病人 ID、住院次数、诊断、疼痛评分、数据时间、记录时间（图 6-4），医嘱表表头为病人 ID、住院次数、医嘱类别、医嘱名称、医嘱代码、医嘱类别、药品一次使用剂量、剂量单位、给药途径和方法、起始日期及时间、DURATION_UNITS、持续时间、执行频率描述、频率次数、执行时间详细描述、入院时间、出院时间（图 6-5）。

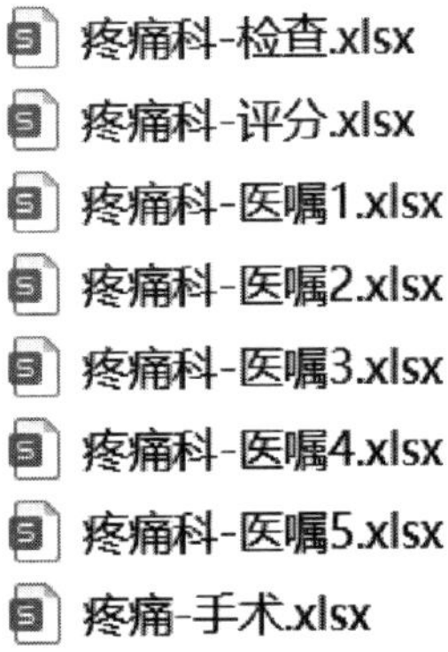

图 6-1　从关系型数据库导出的 Excel 文件

A	B	C	D	E	F	G	H	I	J	K	L	
	病人ID	住院次数	医生填写的手术名称	标准手术名称	创伤级别	手术日期	麻醉方法	手术医师	手术一助	麻醉医师	手术级别	入
1	140225093279	1		CT导航计算机辅助外科手术	1	2020/08/13	局部麻醉	曹嵩	周俊丽	曹嵩		2
2	200518066282	2		CT导航计算机辅助外科手术	1	2020/07/02	局部麻醉	曹嵩	张桂友	曹嵩		2
3	190418055512	1		CT导航计算机辅助外科手术	0	2020/06/04	局部麻醉	张桂友	张德新	张德新		2
4	130719039774	1		CT导航计算机辅助外科手术	0	2020/04/30	局部麻醉	文松	张桂友	文松		2
5	180730081274	1	经皮肌腱粘连松解术（冲击波）	肌或腱伸展		2018/08/01		王捷			1	2

图 6-2　手术表表头（部分）

A	B	C	D	E	F	G	
病人ID	住院次数	入院时间	出院时间	检查类别	检查子类	检查所见	印象
171215040857	1	2017-12-15 09:33:32	2018-01-02 10:21:15	CT	其它	病人呈右侧卧位，三颗穿刺针经背部进入，头端分别位于左侧	胸部螺旋CT引导定
161002048510	1	2017-12-20 14:56:58	2018-01-03 09:58:12	普放	胸部平片	右下肺野见斑片状密度增高影，边缘模糊，余双肺野见斑点状、	考虑右下肺肺炎或
161002048510	1	2017-12-20 14:56:58	2018-01-03 09:58:12	CT	其它	侧卧位扫描。3个穿刺针经背部穿刺分别达胸4/5、胸5/6、胸6/	CT引导胸4/5、胸5
161002048510	1	2017-12-20 14:56:58	2018-01-03 09:58:12	普放	颈椎平片	颈椎生理性弯曲存在，骨质疏松，各椎体骨质增生、边缘见鸟	颈椎退行性变。
171225057027	1	2017-12-25 15:51:40	2018-01-08 09:57:31	心电图	心电图	1.心率>100次/分。2.T：Ⅱ、Ⅲ、aVF、V4-V6低平<R/10。	1.窦性心动过速。

图 6-3　检查表表头

A	B	C	D	E	F	G
	病人ID	住院次数	诊断	疼痛评分	数据时间	记录时间
4	120306008629	1.00	带状疱疹后遗	3.00	2020-05-25 10:	2020-05-25 14:40:28
5	120306008629	2.00	带状疱疹后遗	8.00	2020-07-06 14:	2020-07-06 14:24:36
6	120306008629	2.00	带状疱疹后遗	8.00	2020-07-06 14:	2020-07-06 14:25:11
7	120306008629	2.00	带状疱疹后遗	8.00	2020-07-06 14:	2020-07-06 15:01:05
8	120322044918	1.00	带状疱疹性神	6.00	2019-08-01 11:	2019-08-01 11:18:28
9	120322044918	1.00	带状疱疹性神	6.00	2019-08-01 11:	2019-08-01 11:14:05

图 6-4　评分表表头

A	B	C	D	E	F	G	H	I	J	K
DISCHA	病人ID	住院次数	医嘱类别	医嘱名称	医嘱代码	医嘱类别	药品一次使用剂量	剂量单位	给药途径和方法	起始日期/
1	170704039372	1	护理费	二级护理	120100004	长期医嘱				
2	170704039372	1	护理费	低盐低脂饮食		长期医嘱				
3	170704039372	1	护理费	陪护一人		长期医嘱				
4	170704039372	1	其它	住院诊查费（主治医师）	110200005B	长期医嘱				
5	170704039372	1	其它	住院诊查费（副主任医师以上）	110200005A	长期医嘱				
6	170704039372	1	其它	医疗废物处理	JG00001699	长期医嘱				

图 6-5　医嘱表表头（部分）

面对这样一份数据，在进行疼痛病临床数据研究时，重点指标有此次住院时长（天）、诊断、标准手术名称、创伤级别、麻醉方法、手术医师、手术一助、麻醉医师、手术级别、需要的检查指标、长期医嘱的西药、需要的其他医嘱、护理、护理数量、饮食、饮食数量、出院前疼痛评分、术后三天疼痛评分、手术种类。故必须从准备好的 4 张表中将相关数据进行抽取及计算，最终形成本次临床研究需要的表。

为了获得需要的数据，可以采用图6-6的思路进行数据提取：将5张医嘱表的数据纵向合并为1张，从手术表提取住院时长，从评分表提取诊断信息，从手术表提取手术信息，从检查表提取检查项，从医嘱表提取长期西药，从医嘱表提取6个重要医嘱，从医嘱表提取护理记录与饮食记录，整理提取的护理记录，整理提取的饮食记录，计算当天疼痛评分，计算出院前疼痛评分，计算术后3天疼痛评分，合并相同的手术并计算手术种类。

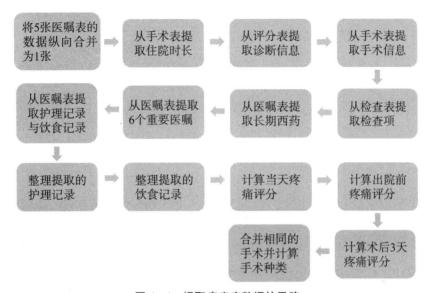

图6-6 提取疼痛病数据的思路

6.2 将5张医嘱表的数据纵向合并为1张

读取5张医嘱表，利用pd.contact将多个表纵向合并为一张表，关键程序代码如下：

```
def concat_table(files):
    tables=[]
    for file in files:
        df=pd.read_excel(file,engine='openpyxl',col_index=0)
        tables.append(df)
    return pd.concat(tables)
```

```python
def dump_medicine_advice():
    target='target/医嘱.pickle'
    medicine_advices=[
        'source/疼痛科-医嘱1.xlsx',
        'source/疼痛科-医嘱2.xlsx',
        'source/疼痛科-医嘱3.xlsx',
        'source/疼痛科-医嘱4.xlsx',
        'source/疼痛科-医嘱5.xlsx',
    ]
    df=concat_table(medicine_advices)
    dump(df,target)
```

6.3 从手术表提取住院时长

读取手术表，提取病人ID、住院次数、入院日期、出院日期，将出院日期减入院日期即得到此次住院时长（天），关键程序代码如下：

```python
def extract1():
    """提取到住院时长"""
    df=load('target/手术.pickle')
    base=df[['病人ID','住院次数']]
    base['此次住院时长(天)']=cal_time(df['入院日期'],df['出院日期'])
    base=base.drop_duplicates()
    return base
```

6.4 从评分表提取诊断信息

读取评分表，提取病人ID、住院次数、诊断，利用病人ID、住院次数与"6.3 从手术表提取住院时长"提取的结果进行关联合并，关键程序代码如下：

```python
def extract2(base):
```

```
"""提取到诊断"""
df=load('target/评分.pickle')[['病人ID','住院次数','诊断']]
base=pd.merge(base,df,on=['病人ID','住院次数'])
base=base.drop_duplicates()
return base
```

6.5　从手术表提取手术信息

读取手术表，提取病人ID、住院次数、医生填写的手术名称、标准手术名称、创伤级别、麻醉方法、手术医师、手术一助、麻醉医师、手术级别、手术日期、出院日期，将出院日期减手术日期即可得到手术后住院时长（天），利用病人ID、住院次数与"6.4　从评分表提取诊断信息"提取的结果进行关联合并，关键程序代码如下：

```
def extract3(base):
    """提取到手术级别"""
    df=load('target/手术.pickle')
    df1=df[['病人ID','住院次数','医生填写的手术名称',
            '标准手术名称','创伤级别','麻醉方法','手术医师',
            '手术一助','麻醉医师','手术级别']]
    df1.insert(5,'手术后住院时长(天)',cal_time(df['手术日期'],df['出院日期']))
    base=pd.merge(base,df1,on=['病人ID','住院次数'])
    base=base.drop_duplicates()
    return base
```

6.6　从检查表提取检查项

读取检查表，提取病人ID、住院次数、检查类别、检查子类、印象，本次临床数据分析需要的检查指标有普放－胸部平片、CT－胸部、磁共振－胸部、心电图－心电图、彩超－腹部、彩超－心脏、磁共振－腹部、磁共振－头部、CT－头颅CT、磁共振－颈部、普放－颈椎平片、CT－其他，将每个指标单独作为一列，值填写该病人的检查印象，然后利用病人ID、住院次数与

"6.5 从手术表提取手术信息"提取的数据进行关联合并，关键程序代码如下：

```
def extract5(base):
    """提取到CT—其他—印象"""
    df=load('target/检查.pickle')[['病人ID','住院次数','检查类别','检查子类','印象']]
    df_base=df[['病人ID','住院次数']]
    inspection_info=[
        ['普放','胸部平片'],['CT','胸部'],['磁共振','胸部'],
        ['心电图','心电图'],['彩超','腹部'],['彩超','心脏'],
        ['磁共振','腹部'],['磁共振','头部'],['CT','头颅CT'],
        ['磁共振','颈部'],['普放','颈椎平片'],['CT','其他']
    ]
    for type1,type2 in inspection_info:
        df_base=process_inspection(df,type1,type2,df_base)
    base=pd.merge(base,df_base,on=['病人ID','住院次数'])
    base=base.drop_duplicates()
    return base
```

6.7 从医嘱表提取长期西药

读取医嘱表，提取医嘱类别等于西药费，医嘱类别等于长期医嘱，排除氯化钠、葡萄糖注射液这两种不需要分析的西药，将医嘱名称中的星号与问号进行过滤，按医嘱名称进行分组，计算医嘱的分组数量，过滤分组内容小于100的分组，将每个分组单独作为一列，利用病人ID、住院次数与"6.6 从检查表提取检查项"提取的数据进行关联合并，关键程序代码如下：

```
def extract6(base):
    """提取到长期西药"""
    df=load('target/医嘱.pickle')
    df=df.query('医嘱类别=="西药费" and 医嘱类别.1=="长期医嘱" '
                'and 医嘱名称.str.find("氯化钠")==-1 and 医嘱名称.str.find("葡萄糖注射液")==-1')
    df['医嘱名称']=df['医嘱名称'].apply(lambda item: item.replace('*','').replace('?',''))
```

```
western_medicine_series=df.groupby('医嘱名称')['医嘱名称'].count()
western_medicine=western_medicine_series[western_medicine_series.gt(100)].index.tolist()
    df=df.query('医嘱名称 in @western_medicine')[['病人ID','住院次数','医嘱名称']]
    base=base.drop_duplicates()
    for g_name,g_data in df.groupby('医嘱名称'):
        g_data['医嘱名称']=1
        g_data=g_data.drop_duplicates()
        base=pd.merge(base,g_data,on=['病人ID','住院次数'],how='left')
        base=base.rename(columns={'医嘱名称': g_name})
        base[g_name]=base[g_name].fillna(0)
    base=base.drop_duplicates()
    return base
```

6.8 从医嘱表提取6个重要医嘱

读取医嘱表，提取医嘱内容为酮咯酸氨丁三醇注射液（短期医嘱）、神经阻滞治疗（短期医嘱）、深部热疗（短期医嘱）、留置导尿（长期医嘱）、术前体位训练（短期医嘱）、偏振光照射（短期医嘱），每种医嘱单独作为一列，然后利用病人ID、住院次数与"6.7 从医嘱表提取长期西药"提取的数据进行关联合并，关键程序代码如下：

```
def extract_medicine(base,medicine_name,medicine_type):
    df=load('target/医嘱.pickle')
    df=df.query('医嘱名称.str.find("%s")!=-1 and 医嘱类别.1'=="%s"' % (medicine_name,medicine_type))
    df1=df[['病人ID','住院次数','医嘱名称']]
    df1['医嘱名称']=1
    df1=df1.drop_duplicates()
    base=pd.merge(base,df1,on=['病人ID','住院次数'],how='left')
    base['医嘱名称']=base['医嘱名称'].fillna(0)
    base=base.rename(columns={'医嘱名称': medicine_name})
    return base
```

```
    extract_info=[
        ('酮咯酸氨丁三醇注射液','短期医嘱'),
        ('神经阻滞治疗','短期医嘱'),
        ('深部热疗','短期医嘱'),
        ('留置导尿','长期医嘱'),
        ('术前体位训练','短期医嘱'),
        ('偏振光照射','短期医嘱')
    ]
    for medicine_name,medicine_type in extract_info:
        base=extract_medicine(base,medicine_name,medicine_type)
    return base
```

6.9 从医嘱表提取护理记录与饮食记录

读取医嘱表，将医嘱名称中包含"护理"关键字，医嘱类别为"长期医嘱"的数据进行提取，然后对每种护理记录进行依次编号，利用病人ID、住院次数与"6.8 从医嘱表提取6个重要医嘱"提取的数据进行关联合并；将医嘱名称中包含"饮食"关键字，医嘱类别为"长期医嘱"的数据进行提取，然后对每种饮食记录进行依次编号，利用病人ID、住院次数与"6.8 从医嘱表提取6个重要医嘱"提取的数据进行关联合并，关键程序代码如下：

```
def extract8(base):
    """提取护理记录,饮食记录"""
    def extract_medicine(base,medicine_name,medicine_type):
        df=load('target/医嘱.pickle')
        df=df.query('医嘱名称.str.find("%s")!=-1 and 医嘱类别.1'=="%s"'
% (medicine_name,medicine_type))
        df1=df[['病人ID','住院次数','医嘱名称']]
        grade,grade_info=create_grade(df1['医嘱名称'])
        df1=df1.drop_duplicates()
        df1=df1.replace(grade)
        base=pd.merge(base,df1,on=['病人ID','住院次数'],how='left')
```

```
        base['医嘱名称']=base['医嘱名称'].fillna(0)
        base=base.rename(columns={'医嘱名称': medicine_name+grade_info})
        return base

    base=extract_medicine(base,'护理','长期医嘱')
    base=extract_medicine(base,'饮食','长期医嘱')
    return base
```

6.10 整理提取的护理记录

读取已经提取好的护理记录，将特殊感染护理、特殊护理、特殊疾病感染护理、特殊疾病护理统一整理为特殊疾病护理，将疼痛内科护理常规、疼痛护理常规、疼痛科常规护理、疼痛科护理常规、疼痛诊疗科护理常规统一整理为疼痛护理常规，并分别计算每个病人使用的护理数量，新增一列"护理数量"数据，然后将每种护理单独作为一列，使用过该护理的病人标识为1，未使用过该种护理的病人标识为0，关键程序代码如下：

```
def extract_nursing_information(base):
    def translate_data(column_name):
        data=re.search('\(.*\)',column_name)[0].replace('(','').replace(')','')
        result={}
        for item in data.split(','):
            d=item.split(':')
            result[d[1]]=d[0]
        return result

    def merge_same_conception(df,column_name,same_conception):
        replace_info={}
        for k,v in same_conception.items():
            for kk in k.split(','):
                replace_info[kk]=v
        df[column_name]=df[column_name].replace(replace_info)
        return df
```

```
column_info='护理(ICU护理常规:1,一级护理:2,一般传染病护理:3,二级护理:4,
会阴护理:5,全科护理常规:6,内科护理常规:7,动静脉置管护理:8,压疮护理:9,口腔护
理:10,外科护理常规:11,尿道护理:12,急诊病房护理常规:13,特殊感染护理:14,特殊
护理:15,特殊疾病感染护理:16,特殊疾病护理:17,疼痛内科护理常规:18,疼痛护理常
规:19,疼痛科常规护理:20,疼痛科护理常规:21,疼痛诊疗科护理常规:22,皮肤科护理
常规:23,神经内科护理常规:24,胃肠外科护理常规:25,防褥护理:26)'
same_conception={
    '特殊感染护理,特殊护理,特殊疾病感染护理,特殊疾病护理':'特殊疾病护理',
    '疼痛内科护理常规,疼痛护理常规,疼痛科常规护理,疼痛科护理常规,疼痛诊
疗科护理常规':'疼痛护理常规'
}
column_name=column_info[:column_info.find('(')]
base=base.rename(columns={column_info:column_name})
df=base[['病人ID','住院次数',column_name]]
df[column_name]=df[column_name].astype('str')
translation=translate_data(column_info)
df[column_name]=df[column_name].replace(translation)
df=merge_same_conception(df,column_name,same_conception)
base=base.drop(columns=[column_name])
columns=[]
for g_name,g_data in df.groupby(column_name):
    g_data[column_name]=1
    base=pd.merge(base,g_data,on=['病人ID','住院次数'],how='left')
    base[column_name]=base[column_name].fillna(0)
    base=base.rename(columns={column_name:g_name})
    base=base.drop_duplicates()
    columns.append(g_name)
base['护理数量']=base[columns].sum(axis=1)
return base
```

6.11 整理提取的饮食记录

读取提取的饮食数据，按临床分析的要求将饮食分为普通、低盐或者清

淡/清洁、低脂、低蛋白、半流质、流质、糖尿病饮食，每类饮食单独为列，使用过该类饮食的病人标识为1，未使用过该种饮食的病人标识为0，然后分别计算每个病人使用的饮食种类，新增一列"饮食种类"数据，关键程序代码如下：

```
def extract_food_info(base):
    def translate_data(column_name):
        data=re.search('\(.*\)',column_name)[0].replace('(',").replace(')',")
        result={}
        for item in data.split(','):
            d=item.split(':')
            result[d[1]]=d[0]
        return result

    def add_new_columns(base,food_type):
        for f in food_type:
            base[f]=0
        return base

    def has_food_type(df,patient_id,time,food_type):
        result=df.query('病人ID=="%s" and 住院次数=="%s" and 饮食.str.find("%s")!=-1' % (patient_id,time,food_type))
        if result.shape[0] !=0:
            return True
        return False

    food_type=['普通','低盐或者清淡/清洁','低脂','低蛋白','半流质','流质','糖尿病饮食']
    column_info='饮食(低嘌呤饮食:1,低盐、低脂饮食:2,低盐低脂优质低蛋白饮食:3,低盐低脂饮食:4,低盐饮食:5,低脂低盐饮食:6,低脂饮食:7,低蛋白饮食:8,半流质饮食:9,普通饮食:10,流质饮食:11,清洁饮食:12,清淡饮食:13,糖尿病饮食:14)'
    column_name=column_info[:column_info.find('(')]
    base=base.rename(columns={column_info: column_name})
    df=base[['病人ID','住院次数',column_name]]
    df[column_name]=df[column_name].astype('str')
```

```python
    translation = translate_data(column_info)
    df[column_name] = df[column_name].replace(translation)
    base = base.drop(columns=[column_name])
    df = df.drop_duplicates()
    base = add_new_columns(base, food_type)
    base = base.drop_duplicates()
    total, i = base.shape[0], 0
    for index in base.index:
        for ft in food_type:
            if has_food_type(df, base.loc[index, '病人ID'], base.loc[index, '住院次数'], ft):
                base.loc[index, ft] = 1
        i = i + 1
        print(total, i)
    base['饮食种类'] = base[food_type].sum(axis=1)
    return base
```

6.12 计算当天疼痛评分

同一天同一病人可能会进行多次疼痛评分,临床研究使用当天所有疼痛的评分均值代表当天的疼痛评分,关键程序代码如下:

```python
def extract4(base):
    """提取到疼痛评分记录"""
    df = load('target/评分.pickle')
    df['记录时间'] = format_date_time(df['记录时间'])
    df = df.groupby(['病人ID','住院次数','记录时间'])['疼痛评分'].mean().to_frame().reset_index()
    df['疼痛评分'] = df['疼痛评分'].apply(lambda value: round(value, 1))
    df['术前疼痛评分'] = None
    df['术后疼痛评分'] = None
    for i in range(df.shape[0]):
        patient_id = df.iloc[i]['病人ID']
```

```
            count=df.iloc[i]['住院次数']
            score1,score2=cal_score(df,patient_id,count)
            df.iloc[i,-2]=score1
            df.iloc[i,-1]=score2
        base=pd.merge(base,df,on=['病人ID','住院次数'])
        base=base.drop_duplicates()
    return base
```

6.13 计算出院前疼痛评分

将疼痛评分的记录时间进行降序排序，取第一条，即出院前疼痛评分，关键程序代码如下：

```
def extract_last_score(base):
    base['出院前疼痛评分']=None
    tables=[]
    for g_name,g_data in base.groupby(['病人ID','住院次数']):
        g_data["记录时间"]=pd.to_datetime(g_data["记录时间"])
        g_data=g_data.sort_values(by="记录时间",ascending=False)
        g_data['出院前疼痛评分']=g_data['疼痛评分'].iloc[0]
        tables.append(g_data)
    base=pd.concat(tables)
    return base
```

6.14 计算术后3天疼痛评分

将疼痛评分记录时间与手术时间差值为3的疼痛评分作为术后3天疼痛评分，关键程序代码如下：

```
def extract_operation_scroe(base):
    df=load('target/手术.pickle')[['病人ID','住院次数','手术日期']]
    base["记录时间"]=pd.to_datetime(base["记录时间"])
    base=pd.merge(base,df,on=['病人ID','住院次数'],how='left')
```

```
        base=base.drop_duplicates()
        base['术后3天疼痛评分']=None
        base2=pd.DataFrame(columns=base.columns)
        for index,item in base.iterrows():
            day=(item['记录时间']-item['手术日期']).days
            if day==3:
                item['术后3天疼痛评分']=item['疼痛评分']
                base2=base2.append(item)
        return base2
```

6.15　合并相同的手术并计算手术种类

将相同的手术进行合并，并计算手术的种类，关键程序代码如下：

```
def merge_operation(base):
    # base=load('target/1.pickle')
    base=base.drop(columns=['医生填写的手术名称','手术后住院时长(天)'])
    columns=base.columns
    base2=pd.DataFrame(columns=columns)
    base2['手术种类']=None
    for g_name,g_data in base.groupby(['病人ID','住院次数']):
        data={}
        for c in columns:
            items=set(g_data[c].astype(str).tolist())
            if 'nan' in items:
                items.remove('nan')
            if '一' in items:
                items.remove('一')
            data[c]=','.join(items)
            if c=='标准手术名称':
                data['手术种类']=len(items)
        base2=base2.append(pd.DataFrame(data,index=[0]))
    base2=base2.drop_duplicates().replace('nan','')
    return base2
```

第 7 章 从 HTML 提取临床数据

当收集到的数据是 HTML 格式时，需要使用 scrapy 库对 HTML 进行解析，从中提取临床数据用于临床数据分析。HTML（Hyper Text Markup Language）是超文本标记语言，是一种用于创建网页的标准标记语言。目前基于 B/S 架构的系统界面，基本都是采用 HTML 格式进行编写的。

在编写本书时，编者收集到了 30 例患者的样本数据，均属于 HTML 格式，其中包含病程记录、检查、生化指标、医嘱护理、医嘱药品、医嘱说明、医嘱其他、出院诊断、补充诊断等信息。使用 scrapy 从 HTML 格式的数据中提取相应的数据保存为 Excel 文件，便于临床数据分析。

7.1 病程记录的提取

患者的病程记录如图 7-1 所示。

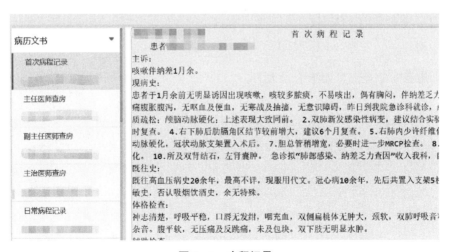

图 7-1 病程记录

观察 HTML 源码可以发现，当源码中存在关键字"病历文书"时，可以使用如下程序代码提取病程记录信息：

```
def extract_progress_note(name, response):
    content = response.css(
        'body > div > div.AllContent > div.HoloContent > div.HoloCRight > div.HologrCRight > '
        'div > pre::text').get()
    progress_note['name'].append(name)
    progress_note['content'].append(content)
```

提取结果如图 7-2 所示，name 列为病人的名称，content 列为病程记录。

图 7-2　病程记录信息提取结果

7.2　检查的提取

患者的检查信息如图 7-3 所示。

图 7-3　检查信息

观察 HTML 源码可以发现，当源码中存在关键字"检查所见</td>"时，可以使用如下程序代码提取检查信息：

def extract_inspection(name,response):

　　t1＝response.css('#tablebox＞table＞tbody＞tr:nth－child(1)＞td.Inspection::text').get()

　　t2＝response.css('#tablebox＞table＞tbody＞tr:nth－child(1)＞td.checkDate::text').get()

　　t3＝response.css('#tablebox＞table＞tbody＞tr:nth－child(2)＞td.Inspection::text').get()

　　t4＝response.css('#tablebox＞table＞tbody＞tr:nth－child(2)＞td.checkDate::text').get()

　　t5＝response.css('#tablebox＞table＞tbody＞tr:nth－child(3)＞td.Inspection::text').get()

　　t6＝response.css('#tablebox＞table＞tbody＞tr:nth－child(3)＞td.checkDate::text').get()

　　r1＝response.css('#tablebox＞table＞tbody＞tr:nth－child(4)＞td:nth－child(2)::text').get()

　　r2＝response.css('#tablebox＞table＞tbody＞tr:nth－child(5)＞td:nth－child(2)::text').get()

　　r3＝response.css('#tablebox＞table＞tbody＞tr:nth－child(6)＞td:nth－child(2)::text').get()

　　r4＝response.css('#tablebox＞table＞tbody＞tr:nth－child(7)＞td:nth－child(2)::

text').get()
```
        inspection['name'].append(name)
        inspection['报告日期'].append(t1)
        inspection['检查项目'].append(t2)
        inspection['审核医生'].append(t3)
        inspection['检查科室'].append(t4)
        inspection['申请医生'].append(t5)
        inspection['报告号'].append(t6)
        inspection['报告内容'].append(r1)
        inspection['检查所见'].append(r2)
        inspection['检查部位'].append(r3)
        inspection['检查诊断'].append(r4)
```

提取结果如图7-4所示，内容包括name（姓名）、报告日期、检查项目、审核医生、检查科室、申请医生、报告号、报告内容、检查所见、检查部位、检查诊断。

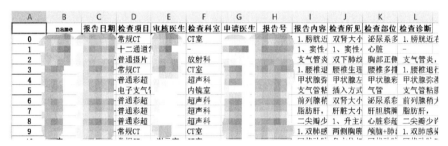

图7-4　检查信息提取结果

7.3　生化指标的提取

患者的生化指标如图7-5所示。

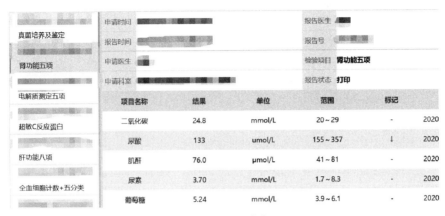

图 7-5 生化指标

观察 HTML 源码可以发现，当源码中存在关键字"项目名称</li>"时，可以使用如下程序代码提取生化指标信息：

```
def extract_biochemical_criterion(name, response):
    header=response.css('body>div>div.AllContent>div.HoloContent>div.HoloCRight>'
                        'div.inspectionForm>div.SRBContentTop>div.SRBContTopLeft>ul').get()
    header_obj={}
    finds=re.findall('<li.*?><span>(.*?)</span></li>', header)
    header_obj['申请时间']=finds[0]
    header_obj['报告医生']=finds[1]
    header_obj['报告时间']=finds[2]
    header_obj['报告号']=finds[3]
    header_obj['申请医生']=finds[4]
    header_obj['检验项目']=finds[5]
    header_obj['申请科室']=finds[6]
    header_obj['报告状态']=finds[7]

    items=response.css('body>div>div.AllContent>div.HoloContent>'
                       'div.HoloCRight>div.inspectionForm>div.SRBContBottom>'
                       'div.tabcont>ul').getall()
    for item in items:
        finds=re.findall('<li.*?>(.*?)</li>', item)
        biochemical_criterion['name'].append(name)
```

```
for k, v in header_obj.items():
    biochemical_criterion[k].append(v)
biochemical_criterion['项目名称'].append(finds[0])
biochemical_criterion['结果'].append(finds[1])
biochemical_criterion['单位'].append(finds[2])
biochemical_criterion['范围'].append(finds[3])
biochemical_criterion['标记'].append(finds[4])
```

提取结果如图 7-6 所示，内容包括 name（姓名）、申请时间、报告医生、报告时间、报告号、申请医生、检验项目、申请科室、报告状态、项目名称、结果、单位、范围、标记。

	name	申请时间	报告医生	报告时间	报告号	申请医生	检验项目	申请科室	报告状态	项目名称	结果	单位
0							输血前检	泌尿外科	打印	艾滋病	0.09	S/CO
1							输血前检	泌尿外科	打印	梅毒螺旋	0.04	S/CO
2							输血前检	泌尿外科	打印	丙肝抗体	0.06	S/CO
3							输血前检	泌尿外科	打印	乙型肝炎	6.50	S/CO
4							输血前检	泌尿外科	打印	乙型肝炎	0.68	S/CO
5							输血前检	泌尿外科	打印	乙型肝炎	0.31	S/CO
6							输血前检	泌尿外科	打印	乙型肝炎	66.05	mIU/ml
7							输血前检	泌尿外科	打印	乙型肝炎	0.00	IU/mL
8							输血前检	泌尿外科	打印	甲型肝炎	0.28	S/CO
9							生化全套1	泌尿外科	打印	同型半胱	18.4	umol/L
10							生化全套1	泌尿外科	打印	磷	0.83	mmol/L
11							生化全套1	泌尿外科	打印	淀粉酶	62.0	U/L

图 7-6　生化指标信息提取结果（部分）

7.4　医嘱护理的提取

患者的医嘱护理如图 7-7 所示。

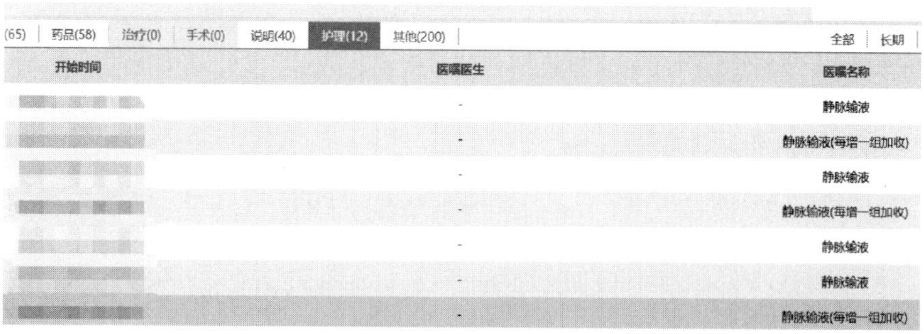

图 7-7　医嘱护理

观察 HTML 源码可以发现，当源码中存在关键字"class="MDClick MDActive"><span>护理"时，可以使用如下程序代码提取医嘱护理信息：

```
def extract_nurse(name,response):
    items=response.css('body>div>div.AllContent>div.HoloContent>'
                       'div.HoloCRight>div.MedAdvBox>div.MDTable>div>'
                       'div.table_c>div>ul').getall()
    for item in items:
        finds=re.findall('<li.*?>(.*?)</li>',item)
        nurse['name'].append(name)
        nurse['开始时间'].append(finds[0])
        nurse['医嘱医生'].append(finds[1])
        nurse['医嘱名称'].append(finds[2])
```

提取结果如图 7-8 所示，内容包括 name（姓名）、开始时间、医嘱医生、医嘱名称。

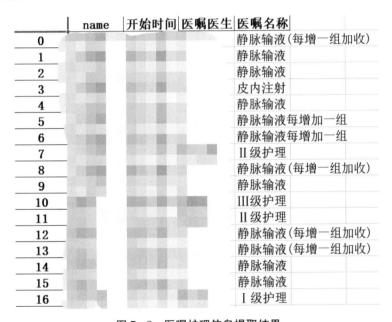

图 7-8　医嘱护理信息提取结果

7.5　医嘱药品的提取

患者的医嘱药品如图 7-9 所示。

药品(58)	治疗(0)	手术(0)	说明(40)	护理(12)	其他(200)		
医嘱医生	分组	药品名称		数量	单位	规格	
	-	瑞舒伐他汀钙片 [带量...		1	mg	10mg*28片	
	-	瑞舒伐他汀钙片 [带量...		1	mg	10mg*28片	
	-	硫酸氢氯吡格雷片 (...		1	mg	75mg*7片	
	-	泮托拉唑钠肠溶胶囊		1	mg	40mg*14粒	
	-	氯化钾缓释片 (补达...		1	g	0.5g*24片	
	-	注射用头孢哌酮钠他...		1	-	-	

图 7-9　医嘱药品

观察 HTML 源码可以发现，当源码中存在关键字"class="MDClick MDActive"><span>药品"时，可以使用如下程序代码提取医嘱药品信息：

```
def extract_medicine(name, response):
    items = response.css('body > div > div.AllContent > div.HoloContent > div.HoloCRight>'
                        'div.MedAdvBox>div.MDTable>div>div.table_c>'
                        'div.ulMa>ul').getall()
    for item in items:
        finds = re.findall('<li.*?>(.*?)</li>', item)
        medicine['name'].append(name)
        medicine['开始时间'].append(finds[0])
        medicine['医嘱医生'].append(finds[1])
        medicine['分组'].append(finds[2])
        medicine['药品名称'].append(finds[3])
        medicine['数量'].append(finds[4])
        medicine['单位'].append(finds[5])
        medicine['规格'].append(finds[6])
        medicine['执行频率'].append(finds[7])
        medicine['用法'].append(finds[8])
        medicine['停止时间'].append(finds[9])
```

提取结果如图 7-10 所示，内容包括 name（姓名）、开始时间、医嘱医生、药品名称、数量、单位、规格、执行频率、用法、停止时间。

name	开始时间	医嘱医生	药品名称	数量	单位	规格	执行频率	用法
			坦索罗辛	1	mg	0.2mg*10粒	st	po
			双氯芬酸	1	mg	50mg*10粒	st	直肠给药
			氯化钠针	1	ml	0.9%*10ml	st	皮试用
			注射用阿	1	-	-	-	皮试
			坦索罗辛	1	mg	0.2mg*10粒	qn	po
			注射用间	1	mg	40mg冻干	qd	iv drip
			葡萄糖针	1	ml	5% 250ml	qd	iv drip
			注射用阿	1	g	2g粉针*1	bid	iv drip
			氯化钠针	1	ml	0.9% 250ml	bid	iv drip
			双氯芬酸	1	mg	50mg*10粒	st	直肠给药
			盐酸奥布	1	ml	10ml:30mg	st	局部麻醉
			孟鲁司特	1	mg	10mg(按孟	qn	po
			桉柠蒎肠	1	g	0.3g*18粒	tid	po
			布地奈德	1	mg	1mg 2ml*5	qd	雾化吸入
			肌苷片	1	g	0.2g*100	tid	po
			复方甲氧	1	s	1 s*60粒	tid	po

图 7-10 医嘱药品信息提取结果（部分）

7.6 医嘱说明的提取

患者的医嘱说明如图 7-11 所示。

说明(40)	护理(12)	其他(200)	
医嘱医生		**医嘱名称（规格）**	
卢杨		报警范围	
王亮朝		告病重	
王亮朝		spo2上限≤100%,spo2下限≥90%	
卢杨		留置胃管	
卢杨		留置胃管	
卢杨		拟在2020年06月16日 08:00全身麻醉下行支气管镜...	
卢杨		心率上限≤120次/分，心率下限≥60次/分	

图 7-11 医嘱说明

观察 HTML 源码可以发现，当源码中存在关键字 "class = "MDClick MDActive"><span>说明"时，可以使用如下程序代码提取医嘱说明信息：

```
def extract_explain(name, response):
    items=response.css('body>div>div.AllContent>div.HoloContent>'
                       'div.HoloCRight>div.MedAdvBox>div.MDTable>div >'
```

```
                    ' div.table_c>div.ulMa>ul').getall()
for item in items:
    finds=re.findall('<li.*?>(.*?)</li>',item)
    explain['name'].append(name)
    explain['开始时间'].append(finds[0])
    explain['医嘱医生'].append(finds[1])
    explain['医嘱名称(规格)'].append(finds[2])
    explain['停止时间'].append(finds[3])
```

提取结果如图7-12所示，内容包括name（姓名）、开始时间、医嘱医生、医嘱名称（规格）、停止时间。

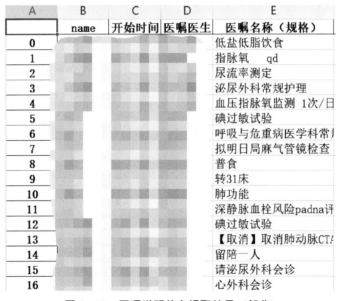

图7-12 医嘱说明信息提取结果（部分）

7.7 医嘱其他的提取

患者的医嘱其他如图7-13所示。

开始时间	医嘱名称（规格）	停止时间
2020-06-07 09:14:47.0	静脉注射	2020-06-07 09:33:34.0
2020-06-06 08:28:55.0	一次性雾化器 国产	2020-06-06 08:29:28.0
2020-06-19 16:52:24.0	静脉注射	2020-06-19 17:00:21.0
2020-06-09 13:47:06.0	吸气滤过器	2020-06-10 13:54:59.0
2020-06-15 13:14:01.0	葡萄糖测定 床边血糖仪检测法	2020-06-15 14:03:02.0
2020-06-08 18:34:32.0	一次性输液器（精密输液器）	2020-06-13 18:11:09.0

图 7-13 医嘱其他

观察 HTML 源码可以发现，当源码中存在关键字"class="MDClick MDActive"><span>其他"时，可以使用如下程序代码提取医嘱其他信息：

```
def extract_other(name, response):
    items= response.css('body>div>div.AllContent>div.HoloContent>div.HoloCRight>'
                       'div.MedAdvBox>div.MDTable>div>div.table_c>'
                       'div.ulMa>ul').getall()
    for item in items:
        finds=re.findall('<li.*?>(.*?)</li>', item)
        other['name'].append(name)
        other['开始时间'].append(finds[0])
        other['医嘱名称(规格)'].append(finds[1])
        other['停止时间'].append(finds[2])
        other['医嘱医生'].append(finds[3])
```

提取结果如图 7-14 所示，内容包括 name（姓名）、开始时间、医嘱名称（规格）、停止时间、医嘱医生。

	name	开始时间	医嘱名称（规格）
0			一次性输液器（精密输液器）
1			一次性注射器(20cc)
2			一次性注射器(10cc)
3			一次性输液器（精密输液器）
4			尿流率检测
5			一次性注射器(1cc)
6			一次性注射器(20cc)
7			一次性输液器（精密输液器）
8			特殊采血管
9			指脉氧监测
10			明日病人出院
11			一次性注射器(10cc)
12			静脉用药调配中心（普通药物）
13			静脉采血
14			一次性输液器（精密输液器）
15			电子支气管镜检查
16			留置静脉针

图 7-14　医嘱其他信息提取结果（部分）

7.8　出院诊断的提取

患者的出院诊断如图 7-15 所示。

补充诊断		诊断代码	诊断名称	诊断科室	诊断医师
出院诊断		J15.902	社区获得性肺炎, 非重症	呼吸	
		I25.103	冠状动脉粥样硬化性心脏病	呼吸	
		Z95.501	冠状动脉支架植入后状态	呼吸	
		I10.x00x032	高血压病3级（极高危）	呼吸	
		E11.900	2型糖尿病	呼吸	
		G30.901+F00.9*	阿尔茨海默病性痴呆	呼吸	
		I63.801	腔隙性脑梗死	呼吸	
		N20.000	肾结石(双),双	呼吸	

图 7-15　出院诊断

观察 HTML 源码可以发现，当源码中存在关键字"< p class = "DiagActive">出院诊断</p>"时，可以使用如下程序代码提取出院诊断信息：

```python
def extract_diagnostic_data_2(name,response):
    items= response.css('body>div>div.AllContent>div.HoloContent>div.HoloCRight>'
                        'div.HologrCRight>div>div.diagTable_c>ul').getall()
    for item in items:
        finds=re.findall('<li.*?>(.*?)</li>',item)
        diagnostic_data_2['name'].append(name)
        diagnostic_data_2['诊断代码'].append(finds[0])
        diagnostic_data_2['诊断名称'].append(finds[1])
        diagnostic_data_2['诊断科室'].append(finds[2])
        diagnostic_data_2['诊断医师'].append(finds[3])
        diagnostic_data_2['诊断时间'].append(finds[4])
```

提取结果如图 7-16 所示，内容包括 name（姓名）、诊断代码、诊断名称、诊断科室、诊断医师、诊断时间。

图 7-16　出院诊断信息提取结果（部分）

7.9　补充诊断的提取

患者的补充诊断如图 7-17 所示。

补充诊断	诊断代码	诊断名称	诊断科室	诊断医师
出院诊断	J15.902	社区获得性肺炎,非重症	呼吸与危重	
	I25.103	冠状动脉粥样硬化性心脏病	呼吸与危重	
	Z95.501	冠状动脉支架植入后状态	呼吸与危重	
	I10.x00x002	高血压	呼吸与危重	
	E11.900	2型糖尿病	呼吸与危重	
	G30.901+F00.9*	阿尔茨海默病性痴呆	呼吸与危重	
	I63.801	腔隙性脑梗死	呼吸与危重	
	N20.000	肾结石(双),双	呼吸与危重	
	N28.101	单纯性肾囊肿(左),左	呼吸与危重	

图 7-17　补充诊断

观察 HTML 源码可以发现，当源码中存在关键字"<p class="DiagActive">补充诊断</p>"时，可以使用如下程序代码提取补充诊断信息：

```
def extract_diagnostic_data_1(name,response):
    items = response.css('body>div>div.AllContent>div.HoloContent>div.HoloCRight>'
                         'div.HologrCRight>div>div.diagTable_c>ul').getall()
    for item in items:
        finds = re.findall('<li.*?>(.*?)</li>',item)
        diagnostic_data_1['name'].append(name)
        diagnostic_data_1['诊断代码'].append(finds[0])
        diagnostic_data_1['诊断名称'].append(finds[1])
        diagnostic_data_1['诊断科室'].append(finds[2])
        diagnostic_data_1['诊断医师'].append(finds[3])
        diagnostic_data_1['诊断时间'].append(finds[4])
```

提取结果如图 7-18 所示，内容包括 name（姓名）、诊断代码、诊断名称、诊断科室、诊断医师、诊断时间。

	name	诊断代码	诊断名称	诊断科室	诊断医师
0		N13.202	肾积水伴输尿管结石(	泌尿外科	
1		N39.000	泌尿道感染	泌尿外科	
2		J98.414	肺部感染	呼吸与危	
3		J15.902	社区获得性肺炎，非重	呼吸与危	
4		R04.200	咯血	呼吸内科	
5		J47.x00	支气管扩张	呼吸内科	
6		J98.414	肺部感染	呼吸内科	
7		K40.900	腹股沟疝	呼吸内科	
8		I63.900	脑梗死	呼吸内科	
9		I25.103	冠状动脉粥样硬化性心	呼吸与危	
10		Z95.501	冠状动脉支架植入后状	呼吸与危	
11		E11.900	2型糖尿病	呼吸与危	
12		J22.x00	畏寒	呼吸与危	
13		I48.x04	阵发性心房扑动	心血管内	
14		I10.x00x0	高血压病3级（极高危	心血管内	
15		I48.x02	心房颤动消融术后	心血管内	
16		N20.000	肾结石	心血管内	

图 7-18 补充诊断信息提取结果（部分）

第 8 章 数据分析

传统的临床数据分析主要使用临床业务知识与统计学知识对临床数据进行分析。在分析的过程中,首先需要对数据进行统计描述(如均数、标准差、四分位、占比等),然后通过统计学知识寻找组间的差异性、组内的相关性。例如,通过 t 检验比较两组数据的差异性,通过皮尔逊相关系数判断两组数据的相关性。在使用 Python 编程方法后,可以大规模自动化地在浩如烟海的数据中寻找到有统计学意义的结果。这是采用手工逐一分析不可企及的。

8.1 统计描述

8.1.1 频数表

频数表列出了观察指标的可能取值区间及其在各区间内出现的频数,可以用于观察数据在各区间的分布情况。频数分析代码如下:

```
#导入 numpy 与 pandas 包
import numpy as np
import pandas as pd

#设置随机方法的种子,让程序每次运行得到的随机数是一样的
np.random.seed(1)

#生成1—1000共1000个编号
numbers=np.arange(1,1001)

#生成均值为170,标准差为20的正态分布数据100个作为身高数据
```

```python
heights=np.random.normal(170,20,1000)

#将身高数据四舍五入去掉小数
heights=np.round(heights,0)

#创建DataFrame,在DataFrame中设置了1000个身高样本
df=pd.DataFrame({'编号': numbers,'身高': heights})

#将创建好的包含1000个身高样本的DataFrame数据进行输出
print(df)

#输出结果为
```

```
      编号     身高
0      1    202.0
1      2    158.0
2      3    159.0
3      4    149.0
4      5    187.0
...   ...    ...
995   996   168.0
996   997   124.0
997   998   169.0
998   999   177.0
999  1000   166.0
```

```python
#定义对身高分段的数据
sections=[0,149,169,179,199,300]

#定义对身高分段后的各段描述
lables=['150以下','150－169','170－179','180－199','200以上']

#对数据进行分段
cuts=pd.cut(df['身高'],sections,labels=lables)
```

# 计算频数进行输出
print(pd.value_counts(cuts))

结果输出为

150—169   342
180—199   272
170—179   187
150以下   134
200以上   65

上述代码完成了对1000个身高样本数据的频数分析，在此基础上还可以绘制柱形图让数据展示变得直观，如图8—1所示。

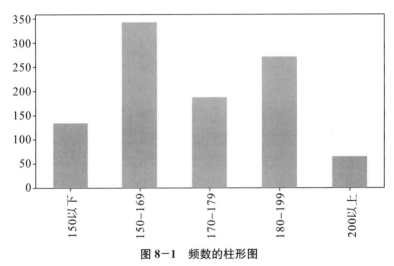

图8—1　频数的柱形图

绘制频数柱形图的代码如下：

# 导入绘图包
import matplotlib.pyplot as plt
from matplotlib.pylab import mpl

设置字体让图形可以显示中文
mpl.rcParams['font.sans-serif'] = ['SimHei']
mpl.rcParams['axes.unicode_minus'] = False
mpl.rcParams['font.cursive'] = ['SimHei']

#绘制频数的柱形图
pd.value_counts(cuts,sort=False).plot.bar()
plt.show()

8.1.2 直方图

直方图（图8-2）是以垂直条段代表频数分布的一种图形，条段的高度代表各组的频数，由纵轴坐标标识。各组的组限由横轴标识，条段的宽度标识组距。由直方图可以更加直观地看出数据的分布情况。

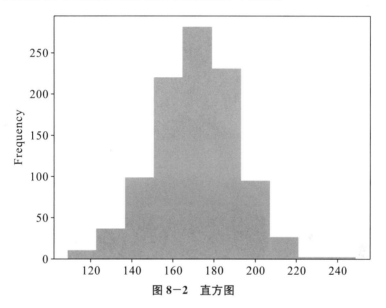

图8-2 直方图

直方图绘制代码如下：

import numpy as np
import pandas as pd
import matplotlib.pyplot as plt
from matplotlib.pylab import mpl

mpl.rcParams['font.sans-serif']=['SimHei']
mpl.rcParams['axes.unicode_minus']=False
mpl.rcParams['font.cursive']=['SimHei']

np.random.seed(1)

```python
numbers=np.arange(1,1001)
heights=np.random.normal(170,20,1000)
heights=np.round(heights,0)
df=pd.DataFrame({'编号': numbers,'身高': heights})

#调用plot.hist方法绘制直方图
df['身高'].plot.hist()
plt.show()
```

8.1.3 均数标准差

均数是描述一组数据平均水平或集中趋势的常用指标。标准差是描述一组数据变异程度或离群趋势的常用指标。均数标准差计算代码如下：

```python
import numpy as np
import pandas as pd

np.random.seed(1)
numbers=np.arange(1,1001)
heights=np.random.normal(170,20,1000)
heights=np.round(heights,0)
df=pd.DataFrame({'编号': numbers,'身高': heights})

#使用pandas的mean方法计算均数
#使用pandas的std方法计算标准差
print(df['身高'].mean(),'±',df['身高'].std())

#结果输出

170.77 ± 19.62754035380746
```

8.1.4 四分位数与四分位距

四分位数（Quartile）也称四分位点，是指在统计学中把所有数值由小到大排列并分成四等份，处于3个分割点位置的数值，多应用于统计学中的箱线图绘制。由于四分位数是通过3个点将全部数据等分为4部分，其中每部分包含 25% 的数据，很显然，中间的四分位数就是中位数，因此通常所说的四分位数是指处在 25% 位置上的数值（称为下四分位数）和处在 75% 位置上的数值（称为上四分位数）。75% 位置上的数值减去 25% 位置上的数值成为四分位距，用于评估数据的离散程度。四分位数计算代码如下：

```python
import numpy as np
import pandas as pd

np.random.seed(1)
numbers=np.arange(1,1001)
heights=np.random.normal(170,20,1000)
heights=np.round(heights,0)
df=pd.DataFrame({'编号': numbers,'身高': heights})

#使用quantile方法传入四分位的三个点,计算四分位数据
print(df['身高'].quantile([0.25,0.5,0.75]))

#结果输出为

0.25    158.0
0.50    171.0
0.75    184.0
```

上述代码得到的结果表示 25% 位置上的数值为 158.0，50% 位置上（中位数）的数值为 171.0，75% 位置上的数值为 184.0。运用四分位数绘制箱型图的代码如下：

```python
import numpy as np
import pandas as pd
import matplotlib.pyplot as plt
from matplotlib.pylab import mpl

mpl.rcParams['font.sans-serif']=['SimHei']
mpl.rcParams['axes.unicode_minus']=False
mpl.rcParams['font.cursive']=['SimHei']
```

```
np.random.seed(1)
numbers=np.arange(1,1001)
heights=np.random.normal(170,20,1000)
heights=np.round(heights,0)
df=pd.DataFrame({'编号': numbers,'身高': heights})

#使用plot.box方法绘制箱型图
df['身高'].plot.box()
plt.show()
```

上述代码绘制的箱型图如图8-3所示。

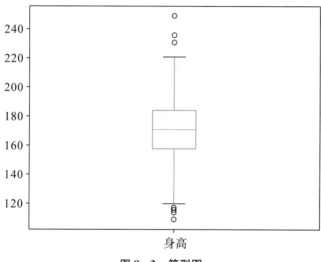

图8-3 箱型图

8.1.5 构成比

构成比是表示某事物内部各组成部分在整体中所占的比重,一般可以使用饼图(图8-4)进行展示,代码如下:

```
import numpy as np
import pandas as pd
import matplotlib.pyplot as plt
from matplotlib.pylab import mpl

mpl.rcParams['font.sans-serif']=['SimHei']
```

```
mpl.rcParams['axes.unicode_minus']=False
mpl.rcParams['font.cursive']=['SimHei']

np.random.seed(1)
numbers=np.arange(1,1001)
heights=np.random.normal(170,20,1000)
heights=np.round(heights,0)
df=pd.DataFrame({'编号': numbers,'身高': heights})
sections=[0,149,169,179,199,300]
lables=['150以下','150-169','170-179','180-199','200以上']
cuts=pd.cut(df['身高'],sections,labels=lables)

#使用plot.pie绘制饼图
pd.value_counts(cuts).plot.pie()
plt.show()
```

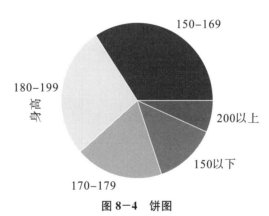

图 8-4 饼图

8.2 正态性检验

  正态分布是一种概率分布，其是具有两个参数 μ 和 σ^2 的连续型随机变量的分布（图 8-5），第一参数 μ 是遵从正态分布的随机变量的均值，第二个参数 σ^2 是此随机变量的方差，所以正态分布记作 $N(\mu,\sigma^2)$。遵从正态分布的随机变量的概率规律为取与 μ 邻近的值的概率大，而取离 μ 远的值的概率小；σ 越小，分布越集中在 μ 附近，σ 越大分布越分散。

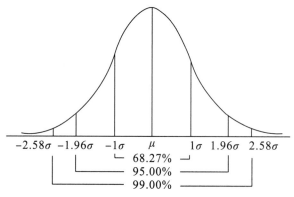

图 8-5 正态分布曲线示例

利用观测数据判断总体是否服从正态分布的检验称为正态性检验,它是统计判决中重要的一种特殊的拟合优度假设检验。使用 Python 进行正态性检验的代码如下:

```
import numpy as np
import scipy.stats as st

np.random.seed(1)
a=np.random.normal(size=100)
print(st.normaltest(a))

#结果输出

NormaltestResult(statistic=0.10202388832581702, pvalue=0.9502673203169621)
```

上述代码使用 scipy 包的 normaltest 对数据的正态性进行检验,其无效假设 H_0 为数据满足正态分布,由于输出结果 pvalue 的值没有小于 0.05,所以无法拒绝 H_0,故变量 a 满足正态性检验。

为了方便地进行正态性检验,可以将上述代码进行如下封装:

```
import numpy as np
import scipy.stats as st

def is_normal(data):
    _, pvalue=st.normaltest(data)
    if pvalue<0.05:
```

```
        return False
    return True
```

```
np.random.seed(1)
a=np.random.normal(size=100)
print(is_normal(a))
```

#结果输出

True

上述代码采用 is_normal 方法对 normaltest 方法进行封装,仅需要传入数据就能判断数据是否符合正态分布。上述程序结果返回 True,说明传入的数据满足正态分布。

8.3 方差齐性检验

方差齐性又称同方差性和方差一致性,是指某个变量在不同水平变化时,指定变量的方差不变。方差齐性是经典线性回归的重要假定之一,指总体回归函数中的随机误差项(干扰项)在解释变量条件下具有不变的方差。

检验方法齐性的代码如下:

```
import numpy as np
import scipy.stats as st
```

```
np.random.seed(1)
a=np.random.normal(150,20,size=100)
b=np.random.normal(170,20,size=100)
print(st.levene(a,b))
```

#结果输出

LeveneResult(statistic=0.04311660040667211,pvalue=0.8357192887848182)

上述代码对变量 a 与 b 使用 levene 进行了方差齐性检验,其无效假设 H_0

为满足方差齐性检验，得到的结果 P 值不小于 0.05，故不能拒绝 H_0，a 与 b 满足方差齐性。

对上述代码可以进行封装，方便以后直接调用：

```
import numpy as np
import scipy.stats as st

def is_equal_variances(data1,data2):
    _,pvalue=st.levene(a,b)
    if pvalue<0.05:
        return False
    return True

np.random.seed(1)
a=np.random.normal(150,20,size=100)
b=np.random.normal(170,20,size=100)
print(is_equal_variances(a,b))

#结果输出

True
```

上述代码使用 is_equal_variances 方法对检验方差齐性的逻辑进行了封装。以后在进行方差齐性检验时只需要传入需要对比方差齐性的两个序列就可以了。上述代码传入了 a、b 两个序列，结果输出 True，说明 a 与 b 具有方差齐性。

8.4 t 检验

8.4.1 单样本 t 检验

单样本 t 检验（one sample t-test）又称单样本均数 t 检验，适用于来自正态分布的某个样本均数 $\overline{X}$ 与已知总体均数 μ_0 的比较，其比较目的是检验样本均数 $\overline{X}$ 所代表的总体均数 μ 是否与已知总体均数 μ_0 有差别。

进行单样本 t 检验可以使用如下代码：

```python
import numpy as np
import scipy.stats as st

np.random.seed(1)

#模拟一个满足正态分布的100个身高样本,均值是170,标准差是20
height=np.random.normal(170,20,100)

#假设本地的身高是170
local_height=170

#检测 height 与 local_height 是否有差异
print(st.ttest_1samp(height,local_height))

#结果输出

Ttest_1sampResult(statistic=0.6810004356008279,pvalue=0.4974609984410544)
```
由于 pvalue>0.05所以没有显著性差异

8.4.2 配对样本均数 t 检验

配对样本均数 t 检验简称配对 t 检验 (paired-test),又称非独立两样本均数 t 检验,适用于配对设计定量数据均数的比较。

进行配对样本均数 t 检验可以使用如下代码:

```python
import numpy as np
import scipy.stats as st

np.random.seed(1)

#模拟一个满足正态分布的100个身高样本,均值是170,标准差是20
height=np.random.normal(170,20,100)

#模拟100个样本的身高增长数值,均值是0,标准差是1
add_height=abs(np.random.normal(0,1,100))
```

#模拟身高的生长
height2=height+add_height

#身高长高前后的数据最配对分析
print(st.ttest_rel(height,height2))

#结果输出

Ttest_relResult(statistic=-12.603124436386905,pvalue=2.677861418386756e-22)
pvalue<0.05说明身高有显著性差异

8.4.3 两个独立样本均数比较的 t 检验

两个独立样本均数比较的 t 检验（two independent sample t-test），又称成组 t 检验，适用于完全随机设计下两个独立样本均数的比较，目的是检验两个独立样本来自总体的均数是否相等。

进行两个独立样本均数比较的 t 检验可以使用如下代码：

```
import numpy as np
import scipy.stats as st

np.random.seed(1)
```

#模拟一个满足正态分布的100个身高样本,均值是170,标准差是20
height=np.random.normal(170,20,100)

#模拟一个满足正态分布的100个身高样本,均值是175,标准差是20
height2=np.random.normal(175,20,100)

#将两批样本进行独立 t 检验
print(st.ttest_ind(height,height2))

#结果输出

Ttest_indResult(statistic=-2.649064219352479,pvalue=0.008722880782836128)
pvalue<0.05,这两批数据具有显著性差异

8.4.4 方差不齐时两个独立样本均数的比较

比较两个独立样本的均数，当两个总体方差不等时，可采用 t'检验，亦称近似 t 检验。

对方差不齐时两个独立样本均数进行比较，可以使用如下代码：

```python
import numpy as np
import scipy.stats as st

np.random.seed(1)

#模拟一个满足正态分布的100个身高样本,均值是170,标准差是20
height=np.random.normal(170,20,100)

#模拟一个满足正态分布的100个身高样本,均值是175,标准差是30
height2=np.random.normal(175,30,100)

#使用 levene 方法进行方差齐性检验
print(st.levene(height,height2))

#结果输出
LeveneResult(statistic=13.022773889831885,pvalue=0.00038973658329730446)
pvalue<0.05说明方差不齐

#使用 test_ind 方法,传入关键字参数 equal_var=False,进行 t'检验
print(st.ttest_ind(height,height2,equal_var=False))

#结果输出
Ttest_indResult(statistic=-2.5172072837298995,pvalue=0.012768870687661457)
pvalue<0.05说明具有显著性统计学差异
如果按照0.01检验水准,那么 pvalue>0.01没有显著性差异
```

8.5 Z 检验

根据中心极限定理,在大样本情况下,也可以使用 Z 统计量进行差异性检验,Z 统计量渐进服从标准正态分布。

对两组身高数据的差异性进行 Z 检验可以使用如下代码:

```
import numpy as np
import statsmodels.stats.weightstats as sw

np.random.seed(1)

#模拟一个满足正态分布的100个身高样本,均值是170,标准差是20
height=np.random.normal(170,20,1000)

#模拟一个满足正态分布的100个身高样本,均值是170,标准差是20
height2=np.random.normal(173,20,1000)

#使用 ztest 方法进行 z 检验
print(sw.ztest(height,height2))

#结果输出
(-3.0777835660775046,0.0020854631960562486)
```

其中第一个返回值为 Z 统计量,第二个返回值为 pvalue,pvalue<0.05 说明两组数据具有统计学差异

8.6 方差分析

8.6.1 完全随机设计的方差分析

完全随机设计是一种将实验对象随机分配到不同处理组的单因素设计方法。该设计只考察一个处理因素,通过对该因素不同水平组间均值的比较,判

断该处理因素不同水平之间的差异是否具有统计学意义。

对三组身高数据进行单因素方差分析，可以使用如下程序：

```
import numpy as np
import scipy.stats as st

np.random.seed(1)

#模拟一个满足正态分布的100个身高样本,均值是170,标准差是20
height=np.random.normal(170,20,100)

#模拟一个满足正态分布的100个身高样本,均值是172,标准差是20
height2=np.random.normal(172,20,100)

#模拟一个满足正态分布的100个身高样本,均值是186,标准差是20
height3=np.random.normal(186,20,100)

#使用f_oneway方法对三组样本进行单因素方差分析
print(st.f_oneway(height,height2,height3))

#结果输出为
F_onewayResult(statistic=16.895068723701492,pvalue=1.1240319957032479e-07)
pvalue<0.05说明三组身高间有统计学差异
```

8.6.2 多个样本均数的两两比较

根据方差分析的结果，若拒绝 H_0，接收 H_1，则可以推断 k 组均数不全相同。要找出究竟是哪些组不同，还需要进一步对多个样本均数进行两两比较或多重比较。

对三组身高数据进行多重比较，可以使用如下程序：

```
import numpy as np
from statsmodels.stats.multicomp import pairwise_tukeyhsd

np.random.seed(1)
```

#模拟一个满足正态分布的100个身高样本,均值是170,标准差是20
height=np.random.normal(170,20,100)

#模拟一个满足正态分布的100个身高样本,均值是172,标准差是20
height2=np.random.normal(172,20,100)

#模拟一个满足正态分布的100个身高样本,均值是186,标准差是20
height3=np.random.normal(186,20,100)

#将三组数据进行连接
rv=np.concatenate((height,height2,height3))

#为每组数据创建分组标识
groups=np.concatenate((np.array([1]*100),np.array([2]*100),np.array([3]*100)))

#使用TukeyHSD法进行多重比较
print(pairwise_tukeyhsd(rv,groups))

#结果输出

Multiple Comparison of Means—Tukey HSD,FWER=0.05
==

group1	group2	meandiff	p-adj	lower	upper	reject
1	2	3.8442	0.3245	-2.4636	10.1521	False
1	3	14.9848	0.001	8.6769	21.2926	True
2	3	11.1405	0.001	4.8327	17.4484	True

从结果中可以看出,1组与2组的身高没有差异,1组与3组的身高有差异,2组与3组的身高也有差异。

8.6.3 析因设计的方差分析

析因设计（factorial design）是一种多因素多水平交叉组合的实验设计方法。在医学研究中,当涉及两个或多个处理因素,而研究者希望了解各处理因素的效应以及因素间的交互作用时，就可以采用析因设计方法。

对体重、身高、性别进行多因素方差分析，可以采用如下程序：

```
import pandas as pd
import numpy as np
from statsmodels.stats.anova import anova_lm
from statsmodels.formula.api import ols

np.random.seed(1)

#模拟一个满足正态分布的100个身高样本,均值是170,标准差是20
height=np.random.normal(170,20,100)

#设置数据的性别,1代表男性,2代表女性
sex=np.concatenate((np.array([1]*50),np.array([2]*50)))

#计算体重,体重等于身高减去100
weight=height-100

#写计算表达式,表示需要体重与身高性别的关系
#及身高与性别之间交互的关系
formula='weight~height*sex'

#将数据放入DataFrame对象
df=pd.DataFrame({'height': height,'sex': sex,'weight': weight})

#输出准备好的表格
print(df)

#结果如下
       height    sex    weight
0    202.486907   1   102.486907
1    157.764872   1    57.764872
2    159.436565   1    59.436565
3    148.540628   1    48.540628
```

4	187.308153	1	87.308153
...	...	...	...
95	171.546801	2	71.546801
96	163.122926	2	63.122926
97	170.871937	2	70.871937
98	157.599983	2	57.599983
99	183.960641	2	83.960641

```
#使用 anova_lm 进行多因素方差分析
print(anova_lm(ols(formula,df).fit()))
```

#分析结果为

	df	sum_sq	mean_sq	F	PR(>F)
height	1.0	3.134006e+04	3.134006e+04	1.400340e+29	0.000000
sex	1.0	3.958188e-26	3.958188e-26	1.768602e-01	0.675025
height:sex	1.0	7.422392e-27	7.422392e-27	3.316481e-02	0.855879
Residual	96.0	2.148511e-23	2.238033e-25	NaN	NaN

从结果中可以看出，体重与身高有关系，与性别没有关系，与性别与身高之间的交互也没有关系。

8.6.4 重复测量设计的方差分析

重复测量设计（repeated measurement design）指将同一受试对象的某一观察指标在不同时间点上进行多次测量的实验设计方法。

对三次重复测量的身高数据进行重复测量的方差分析，可以使用如下程序：

```
import pandas as pd
import numpy as np
import scipy.stats as st
from statsmodels.stats.anova import AnovaRM


np.random.seed(1)

#模拟3次重复测量的身高数据
```

```python
height = np.random.normal(171, 20, 10)
height2 = np.random.normal(170, 20, 10)
height3 = np.random.normal(172, 20, 10)

# 将身高数据进行合并
height = np.concatenate((height, height2, height3))

# 设置样本的编号
number = np.array([i for i in range(1, 11)] * 3)

# 设置测量的时间,
# 1、2、3分别代表第一次测量、第二次测量、第三次测量
t_flag = np.concatenate((np.array([1] * 10), np.array([2] * 10), np.array([3] * 10)))

# 将数据组成 DataFrame 数据表
df = pd.DataFrame({'height': height, 'number': number, 't_flag': t_flag})

# 将数据进行打印
print(df)

# 结果输出
```

	height	number	t_flag
0	203.486907	1	1
1	158.764872	2	1
2	160.436565	3	1
3	149.540628	4	1
4	188.308153	5	1
5	124.969226	6	1
6	205.896235	7	1
7	155.775862	8	1
8	177.380782	9	1
9	166.012592	10	1
10	199.242159	1	2
11	128.797186	2	2

12	163.551656	3	2
13	162.318913	4	2
14	192.675389	5	2
15	148.002175	6	2
16	166.551436	7	2
17	152.442832	8	2
18	170.844275	9	2
19	181.656304	10	2
20	149.987616	1	3
21	194.894474	2	3
22	190.031814	3	3
23	182.049887	4	3
24	190.017119	5	3
25	158.325443	6	3
26	169.542195	7	3
27	153.284611	8	3
28	166.642238	9	3
29	182.607109	10	3

从结果中可以看到，有 3 个测量时间点，每次测量相同的 10 个样本，共计得到 30 个数据。

♯调用 AnovaRm 对数据进行重复测量方法分析
print(AnovaRM(df,'height','number',['t_flag']).fit())

♯结果输出

```
             Anova
=====================================
       F Value Num DF  Den DF Pr > F
-------------------------------------
t_flag  0.3605 2.0000 18.0000 0.7022
=====================================
```

从结果中可以看到，$P > 0.05$，3 次测量没有统计学差异。

8.7 χ^2 检验分析

χ^2 检验是一种用于定性数据的假设检验方法,主要目的是推断两个或多个总体率或构成比之间有无差别。

8.7.1 计算理论频数（T）

选择 χ^2 检验时,需要参考理论频数（T）的值,计算理论频数可以使用如下代码：

```
import pandas as pd
import numpy as np
import scipy.stats as st
from scipy.stats.contingency import expected_freq

np.random.seed(1)

#从1、0两个数字中选择20个数字
a=np.random.choice([1,0],20)

#从1、0两个数字中选择20个数字,然后再乘上a
b=np.random.choice([1,0],20) * a

#将a、b两个数据拼接起来
c=np.concatenate((b,a))

#设置分组信息
group=np.concatenate((np.array([1] * 20),np.array([2] * 20)))

#制作数据表
df=pd.DataFrame({'group': group,'c': c})

#打印数据表
print(df)
```

#打印结果为

	group	c
0	1	0
1	1	0
2	1	1
3	1	1
4	1	0
5	1	0
6	1	0
7	1	0
8	1	0
9	1	1
10	1	1
11	1	0
12	1	0
13	1	0
14	1	0
15	1	0
16	1	0
17	1	0
18	1	1
19	1	1
20	2	0
21	2	0
22	2	1
23	2	1
24	2	0
25	2	0
26	2	0
27	2	0
28	2	0
29	2	1
30	2	1

```
31    2    0
32    2    1
33    2    0
34    2    0
35    2    1
36    2    1
37    2    0
38    2    1
39    2    1
```

从结果中可以看到，共计 40 行数据，group 列中的 1 代表对照组，2 代表试验组。c 列代表治疗效果，0 代表无效，1 代表有效。在后续几个 χ^2 分析的小结中，都将用这份数据进行分析。

#制作交叉表
df＝pd.crosstab(df['group'],df['c'])

#将交叉表的内容输出
print(df)

#结果输出

```
c      0   1
group
1     14   6
2     11   9
```

从结果中可以看到，对照组无效的有 14 个，有效的有 6 个。试验组无效的有 11 个，有效的有 9 个。

#计算理论频数
print(expected_freq(df))

#结果输出

```
[[12.5  7.5]
 [12.5  7.5]]
```

8.7.2 四格表资料 χ^2 检验专用公式

在对样本率进行比较时，当总例数 $n \geqslant 40$ 且理论频数 $T \geqslant 5$ 时，可以用 χ^2 检验的专用公式进行统计分析。

使用如下代码可以实现 χ^2 检验的专用公式统计分析：

```python
import pandas as pd
import numpy as np
import scipy.stats as st
from scipy.stats.contingency import expected_freq

np.random.seed(1)

a=np.random.choice([1,0],20)
b=np.random.choice([1,0],20)*a
c=np.concatenate((b,a))
group=np.concatenate((np.array([1]*20),np.array([2]*20)))
df=pd.DataFrame({'group': group,'c': c})
df=pd.crosstab(df['group'],df['c'])

#调用 χ² 检验的专用公式进行统计分析
print(st.chi2_contingency(df,correction=False))

#结果输出

(0.96,0.3271868777903028,1,array([[12.5,  7.5],
       [12.5,  7.5]]))
```

结果中第一个值是统计量，第二个值是 P 值，第三个值是自由度，第四个值是理论频数。由 $P > 0.05$ 可知，对照组与试验组没有统计学差异。

8.7.3 四格表资料 χ^2 检验校正公式

在对样本率进行比较时，当总例数 $n \geqslant 40$ 且理论频数 $1 \leqslant T < 5$ 时，可以用 χ^2 检验校正公式进行统计分析。

使用如下代码可以实现 χ^2 检验的校正公式统计分析：

```
import pandas as pd
import numpy as np
import scipy.stats as st
from scipy.stats.contingency import expected_freq

np.random.seed(1)

a=np.random.choice([1,0],20)
b=np.random.choice([1,0],20) * a
c=np.concatenate((b,a))
group=np.concatenate((np.array([1] * 20),np.array([2] * 20)))
df=pd.DataFrame({'group': group,'c': c})
df=pd.crosstab(df['group'],df['c'])

#调用 χ² 检验的校正公式进行统计分析
print(st.chi2_contingency(df,correction=True))

#结果输出

(0.42666666666666664,0.5136291133931241,1,array([[12.5,  7.5],
    [12.5,  7.5]]))
```

结果中第一个值是统计量，第二个值是 P 值，第三个值是自由度，第四个值是理论频数。由 $P>0.05$ 可知对照组与试验组没有统计学差异。

8.7.4 四格表资料的 Fisher 确切概率法

在对样本率进行比较时，当总例数 $n<40$ 或理论频数 $T<1$ 时，可以用 Fisher 确切概率法进行统计分析。

应用四格表资料的 Fisher 确切概率法的程序代码如下：

```
import pandas as pd
import numpy as np
import scipy.stats as st
```

```python
np.random.seed(1)

a = np.random.choice([1,0], 20)
b = np.random.choice([1,0], 20) * a
c = np.concatenate((b, a))
group = np.concatenate((np.array([1]*20), np.array([2]*20)))
df = pd.DataFrame({'group': group, 'c': c})
df = pd.crosstab(df['group'], df['c'])

#调用 fisher_exact 方法实现 Fisher 确切概率法的计算
print(st.fisher_exact(df))

#结果输出
(1.9090909090909092, 0.5144755433965669)
```

结果中第一个值是统计量，第二个值是 P 值。$P>0.05$，所以不具有显著性差异。

8.7.5 配对四格表资料的 χ^2 检验

对于配对设计定性数据的四格表资料必须采用配对四格表资料的 χ^2 检验，不能使用两个独立样本的 χ^2 检验。

应用配对四格表资料的 χ^2 检验的程序代码如下：

```python
import pandas as pd
import numpy as np
import scipy.stats as st
from statsmodels.sandbox.stats.runs import mcnemar

np.random.seed(1)

a = np.random.choice([1,0], 20)
b = np.random.choice([1,0], 20) * a
c = np.concatenate((b, a))
group = np.concatenate((np.array([1]*20), np.array([2]*20)))
df = pd.DataFrame({'group': group, 'c': c})
```

```
df=pd.crosstab(df['group'],df['c'])
```

#调用 mcnemar 方法将实现配对四个表达卡方检验
```
print(mcnemar(df))
```

#结果输出
(6,0.33230590820312506)

结果中第一个值是统计量,第二个值是 P 值。$P>0.05$,所以不具有显著性差异。

8.8 非参数秩和检验

前面介绍的 t 检验、方差分析、χ^2 检验都是在总体分布已知的前提下对参数进行的假设检验,即参数检验(parametric test)方法。然而在实际操作中,有些资料总体分布类型未知,或者不符合参数检验的使用条件,这时可以使用非参数检验(nonparametric test)方法。非参数检验是一种不依赖总体分布类型,也不涉及总体参数,而是对总体分布的位置进行假设检验的方法。非参数秩和检验就是一种非参数检验方法。

非参数秩和检验用于总体分布类型未知或非正态分布的数据、有序或半定量资料、数据两端无确定的数值等情况的差异分析。虽然非参数检验的适用范围非常广泛,但会导致检验效能降低,因此只有当数据不满足参数检验方法时才建议使用非参数检验方法。

8.8.1 配对资料的符号秩和检验

Wilcoxon 符号秩和检验(Wilcoxon signed rank test)属于配对设计的非参数秩和检验,用于推断配对资料的差值是否来自中位数为零的总体。

使用如下程序代码可以进行配对资料的符号秩和检验:

```
import numpy as np
import scipy.stats as st

np.random.seed(1)
```

```python
#模拟一个满足正态分布的100个身高样本,均值是170,标准差是20
height=np.random.normal(170,20,100)

#模拟100个样本的身高增长数值,均值是0,标准差是1
add_height=abs(np.random.normal(0,1,100))

#模拟身高的生长
height2=height+add_height

#身高长高前后的数据最配对分析
print(st.wilcoxon(height,height2))

#结果输出
```

WilcoxonResult(statistic=0.0,pvalue=3.896559845095909e-18)
pvalue<0.05说明身高有显著性差异

8.8.2 两个独立样本比较的秩和检验

对于两个独立样本比较的计量资料,如果两个样本分别来自方差相等的正态分布总体的假设成立,则可以使用 t 检验比较两个样本均数的差别是否具有统计学意义;否则采用非参数秩和检验更为适合。Wilcoxon 秩和检验(Wilcoxon rank sum test)用于比较两个独立样本分别代表的总体分布位置有无差异。

使用如下程序代码可以进行两个独立样本比较的秩和检验:

```python
import numpy as np
import scipy.stats as st


np.random.seed(1)

#模拟一个满足正态分布的100个身高样本,均值是170,标准差是20
height=np.random.normal(170,20,100)

#模拟一个满足正态分布的100个身高样本,均值是175,标准差是20
```

```python
height2=np.random.normal(175,20,100)

#将两批样本进行秩和检验
print(st.mannwhitneyu(height,height2,False))

'''#结果输出

MannwhitneyuResult(statistic=3883.0,pvalue=0.0031737799013296913)
pvalue<0.05,这两批数据具有显著性差异'''
```

8.8.3 多个独立样本比较的秩和检验

在进行多个独立样本计量资料的比较时，若数据不满足方差分析条件（正态分布，方差齐性）时可以使用 Kruskal-Wallis 秩和检验（Kruskal-Wallis H test），又称 K-W 检验或 H 检验，这种方法主要用于推断多个独立样本计量资料或多组有序资料的总体分布位置有无差别。

使用如下程序代码可以进行多个独立样本比较的秩和检验：

```python
import numpy as np
import scipy.stats as st
from scipy.stats.mstats import kruskal

np.random.seed(1)

#模拟一个满足正态分布的100个身高样本,均值是170,标准差是20
height=np.random.normal(170,20,100)

#模拟一个满足正态分布的100个身高样本,均值是175,标准差是20
height2=np.random.normal(175,20,100)

#模拟一个满足正态分布的100个身高样本,均值是178,标准差是20
height3=np.random.normal(178,20,100)

#将三批样本进行秩和检验
print(kruskal(height,height2,height3))
```

```
'''#结果输出

KruskalResult(statistic=8.796441196013461, pvalue=0.012299205674393134)
pvalue<0.05,这三批数据具有显著性差异'''
```

8.8.4 多个样本间的多重秩和检验

用Kruskal-Wallis秩和检验当推断拒绝H_0、接受H_1时，只能得出各总体分布不全相同的结论，不能说明任意两个总体分布不同。若要对每两个总体分布做出有无差异的推断，需要做组间的多重比较。

使用如下程序代码可以进行多个样本间的多重秩和检验：

```
import numpy as np
import pandas as pd
import scipy.stats as st
import scikit_posthocs as sp

np.random.seed(1)

#模拟一个满足正态分布的100个身高样本,均值是170,标准差是20
height=np.random.normal(170,20,100)

#模拟一个满足正态分布的100个身高样本,均值是175,标准差是20
height2=np.random.normal(175,20,100)

#模拟一个满足正态分布的100个身高样本,均值是178,标准差是20
height3=np.random.normal(178,20,100)

#将3个数据放入 DataFrame
df=pd.DataFrame({'height': height,'height2': height2,'height3': height3})

#打印待分析的数据进行查看
print(df)

#结果输出
```

```
        height       height2      height3
0     202.486907   166.057429   169.982436
1     157.764872   199.490154   194.480112
2     159.436565   183.069833   166.753891
3     148.540628   186.871570   217.097562
4     187.308153   153.101763   151.360967
...       ...          ...          ...
95    171.546801   142.451233   172.052762
96    163.122926   187.046386   186.346040
97    170.871937   183.405644   193.695413
98    157.599983   191.219033   158.891495
99    183.960641   195.888842   189.718209
```

#可以看到有三列身高数据等待多重比较

#将三列数据进行多重秩和检验
print(sp.posthoc_nemenyi_friedman(df))

#结果输出

```
           height     height2    height3
height    1.000000   0.019738   0.006678
height2   0.019738   1.000000   0.900000
height3   0.006678   0.900000   1.000000
```

从结果中可以看出，height 与 height2 有显著性差异，height 与 height3 有显著性差异，height2 与 height3 没有显著性差异。

8.8.5 重复测量的秩和检验

对同一批样本不同时间点进行多次测量，即可构成重复测量的数据。如果该数据不满足重复测量方差分析的使用条件，那么就需要使用秩和检验进行差异性分析。

使用如下程序代码可以进行重复测量的秩和检验：

import numpy as np

```
import scipy.stats as st

np.random.seed(1)

#模拟3次重复测量的身高数据
height=np.random.normal(171,20,10)
height2=np.random.normal(170,20,10)
height3=np.random.normal(172,20,10)

#使用friedmanchisquare对三次测量的身高进行差异性分析
print(st.friedmanchisquare(height,height2,height3))

#结果输出
FriedmanchisquareResult(statistic=1.4000000000000057,
pvalue=0.496585303791408)
pvalue>0.05,故三次测量的身高不存在显著性差异
```

8.9 相关性分析

如果两列数据均是定量资料且满足正态分布，则使用 Pearson 方法分析相关性；如果两列数据是等级资料，则使用 Kendall's tau-b 方法分析相关性；其他情况采用 Spearman 方法分析相关性。

分析两列数据相关性的代码如下：

```
import numpy as np
import scipy.stats as st

np.random.seed(1)

#模拟100个正态分布的样本数据,均值171,标准差20
height=np.random.normal(171,20,100)
weight=height-100
```

#使用 Pearson 方法进行相关性分析
print(st.pearsonr(height,weight))

#使用 Kendall's tau-b 方法进行相关性分析
print(st.kendalltau(height,weight))

#使用 Spearman 方法进行相关性分析
print(st.spearmanr(height,weight))

#结果输出

(1.0,0.0)
KendalltauResult(correlation=0.9999999999999999,pvalue=5.511463844797178e-07)
SpearmanrResult(correlation=0.9999999999999999,pvalue=6.646897422032013e-64)

上述结果中，第一个值为相关系数，第二个值为 P 值。相关系数越接近 1，则相关性越强。

8.10 线性回归

线性回归是利用数理统计中的回归分析来确定两种或两种以上变量间相互依赖的定量关系的一种统计分析方法，运用十分广泛。

线性回归法通过方程 $\hat{Y}=a+bX$，其中 $\hat{Y}$ 是给定 X 时 Y 的估计值，a 为截距或常数项（constant term），b 为回归系数（regression coefficient），建立自变量 X 与因变量 Y 之间的关系。

使用如下代码对身高与体重进行线性回归分析：

```
import pandas as pd
import numpy as np
import matplotlib.pyplot as plt
from matplotlib.pylab import mpl
import statsmodels.api as sm

np.random.seed(1)
```

```python
# 模拟100个正态分布的样本数据,均值171,标准差20
height = np.random.normal(171, 20, 100)

# 从0到50的范围生成100个随机数
random_num = np.random.randint(0, 50, 100)

# 模拟体重数据
weight = height - 100 + random_num

# 将身高与体重填充到 DataFrame
df = pd.DataFrame({'height': height, 'weight': weight})

# 增加常数项
df = sm.add_constant(df)

# 将准备好的数据进行打印
print(df)

# 结果输出
     const      height      weight
0    1.0     203.486907   136.486907
1    1.0     158.764872    60.764872
2    1.0     160.436565    80.436565
3    1.0     149.540628    68.540628
4    1.0     188.308153   136.308153
..   ...     ...           ...
95   1.0     172.546801    76.546801
96   1.0     164.122926    87.122926
97   1.0     171.871937    85.871937
98   1.0     158.599983    79.599983
99   1.0     184.960641   130.960641

# 使用最小二乘法 OLS 进行回归分析
result = sm.OLS(df['weight'], df[['const', 'height']]).fit()
```

```
#打印分析结果
print(result.summary())

#分析结果
```

OLS Regression Results

Dep. Variable:	weight	R-squared:	0.585
Model:	OLS	Adj. R-squared:	0.581
Method:	Least Squares	F-statistic:	138.1
Date:	Tue, 20 Apr 2021	Prob (F-statistic):	2.05e-20
Time:	14:56:45	Log-Likelihood:	-405.39
No. Observations:	100	AIC:	814.8
Df Residuals:	98	BIC:	820.0
Df Model:	1		
Covariance Type:	nonrobust		

	coef	std err	t	P>|t|	[0.025	0.975]
const	-62.7573	13.773	-4.557	0.000	-90.089	-35.425
height	0.9348	0.080	11.750	0.000	0.777	1.093

Omnibus:	18.913	Durbin-Watson:	1.689
Prob(Omnibus):	0.000	Jarque-Bera (JB):	4.796
Skew:	-0.034	Prob(JB):	0.0909
Kurtosis:	1.929	Cond. No.	1.69e+03

从分析结果中可以看出，常数项 const 的值为 -62.7573，height 的系数为 0.9348。其构成的线性方程为 $y = -62.7573 + 0.9348 height$。

```
#设置x轴的坐标
plt.xlabel('height')
```

#设置 y 轴的坐标
plt.ylabel('weight')

#绘制 height 与 weight 的散点图
plt.scatter(df['height'],df['weight'])

#用红色绘制最小二乘法拟合的直线
plt.plot(df['height'],result.fittedvalues,c='r')

#显示绘制的图形
plt.show()

上述代码绘制的图形如图 8-6 所示。

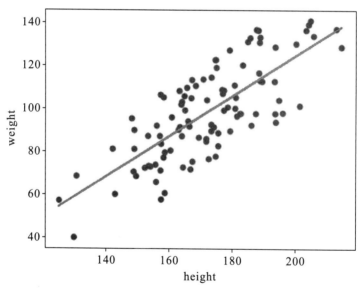

图 8-6　对身高与体重进行线性回归分析

8.11　Logistic 回归

多元线性回归可以用于分析因变量为连续型变量时，其与自变量之间的线性依存关系。Logistic 回归用于分析因变量是二分类变量还是多分类变量，及其与自变量之间的非线性依存关系。

Logistic 回归的方程式为

$$P = \frac{1}{1 + \exp[-(\beta_0 + \beta_1 X_1 + \beta_2 X_2 + \cdots + \beta_m X_m)]}$$

式中，β_0 称为常数项或截距，$\beta_1, \beta_2, \cdots, \beta_m$ 称为模型的回归系数，衡量危险因素作用大小的比数比（odds ratio，OR）可以使用 $OR_j = \exp(\beta_j)$ 进行计算。

需要注意的是，当自变量是定性数据时，可以参考将多元线性回归模型中定性数据数量化的方法来处理。样本量 n 必须是自变量参数数量的 20 倍以上。

使用如下代码进行 Logistic 回归分析，分析吸烟、饮酒、运动对癌症的影响：

```python
import pandas as pd
import numpy as np
import statsmodels.api as sm

#设置样本是否吸烟,0代表不吸烟,1代表吸烟
np.random.seed(1)
smoke=np.random.choice([0,1],100)

#设置样本是否喝酒,0代表不喝酒,1代表喝酒
np.random.seed(2)
drink=np.random.choice([0,1],100)

#设置样本否是运动,假设大部分吸烟的人不运动
np.random.seed(3)
rev_smoke=[0 if i==1 else 1 for i in smoke]
sport=np.concatenate((rev_smoke[:80],np.random.choice([0,1],20)))

#这是样本是否得癌症,假设大部分吸烟的人得癌症
np.random.seed(4)
cancer=np.concatenate((smoke[0:79],np.random.choice([0,1],21)))


#吸烟、饮酒、运动、癌症4种数据放入 DataFrame
df=pd.DataFrame({'cancer': cancer,'smoke': smoke,'drink': drink,'sport': sport})
df=sm.add_constant(df)
```

#打印准备好的样本数据
print(df)

#结果输出

	const	cancer	smoke	drink	sport
0	1.0	1	1	0	0
1	1.0	1	1	1	0
2	1.0	0	0	1	1
3	1.0	0	0	0	1
4	1.0	1	1	0	0
...	...	...	...	...	...
95	1.0	1	0	1	1
96	1.0	1	1	0	1
97	1.0	0	1	1	0
98	1.0	0	0	0	0
99	1.0	0	1	0	0

从数据中可以看出，大部分吸烟的人得癌，大部分运动的人不得癌，饮酒与得癌关系不大。

#使用Logit方法进行Logistic回归分析
result=sm.Logit(df['cancer'],df[['const','smoke','drink','sport']]).fit()

#输出结果
print(result.summary())

Logit Regression Results
==
Dep. Variable:	cancer	No. Observations:	100
Model:	Logit	Df Residuals:	96
Method:	MLE	Df Model:	3
Date:	Tue, 20 Apr 2021	Pseudo R-squ.:	0.4775
Time:	16:20:02	Log-Likelihood:	-36.120
converged:	True	LL-Null:	-69.135

| Dep. Variable: | | cancer | No. Observations: | | 100 |
| Covariance Type: | | nonrobust | LLR p-value: | | 3.021e-14 |

	coef	std err	Z	P>|Z|	[0.025	0.975]
const	-0.1303	0.791	-0.165	0.869	-1.681	1.420
smoke	2.2211	0.733	3.032	0.002	0.785	3.657
drink	0.2325	0.636	0.365	0.715	-1.014	1.479
sport	-2.1776	0.726	-2.999	0.003	-3.601	-0.755

从上述代码可以看出，LLR $P<0.05$，表示方程有意义。smoke、sport 的 $P<0.05$，这两个因素对癌症有影响。其中，smoke 的系数为正，表示是危险因素。sport 的系数为负值，表示保护因素。drink 的 $P>0.05$ 表示对癌症没有影响。这些结果与准备数据时对数据的处理是一致的。